何东平　崔瑞福　王丽英　主编

中国油文化

THE CULTURE OF OIL
IN CHINA

中国轻工业出版社

图书在版编目(CIP)数据

中国油文化/何东平,崔瑞福,王丽英主编 . —北京:中国轻工业出版社,2022.10
ISBN 978 - 7 - 5184 - 4025 - 2

Ⅰ.①中… Ⅱ.①何… ②崔… ③王… Ⅲ.①油脂—研究—中国 Ⅳ.①TQ645

中国版本图书馆 CIP 数据核字(2022)第 100456 号

责任编辑:张 靓 刘逸飞
策划编辑:张 靓 责任终审:劳国强 封面设计:锋尚设计
版式设计:锋尚设计 责任校对:宋绿叶 责任监印:张 可

出版发行:中国轻工业出版社(北京东长安街 6 号,邮编:100740)
印 刷:三河市万龙印装有限公司
经 销:各地新华书店
版 次:2022 年 10 月第 1 版第 1 次印刷
开 本:710×1000 1/16 印张:11.25
字 数:206 千字
书 号:ISBN 978 - 7 - 5184 - 4025 - 2 定价:98.00 元
邮购电话:010 - 65241695 传真:65128352
发行电话:010 - 85119835 传真:85113293
网 址:http://www.chlip.com.cn
Email:club@chlip.com.cn
如发现图书残缺请与我社邮购联系调换
200155K1X101ZBW

发扬中国油文化传统，造福人类健康文明。

中国粮油学会首席专家
中国粮油学会油脂分会名誉会长
王瑞元

前言

PERFACE

油文化是以油作为载体的文化。油的"基因"造就了油文化厚重的秉承,油的"密码"记录了油文化丰富的蕴涵——人类在发现、开发、利用油脂资源的过程中创造积累的精神财富的总和。人类总是以地域为单位,组成不同的社会结构,创造其文化的内涵。随着社会的分工,人类又总是以行业为基础形成不同的生产方式,创造着自身的文化。

中华民族上下五千年历史,华夏儿女创造出了无数的生活智慧,生产技术硕果累累,有很多都沿用至今。在相当长时间里,人们多食用动物油脂,后因榨油技术的诞生,人们的生活才有滋有味。压榨法制油拥有悠久的历史,经后人不断吸取、继承和发扬光大。繁荣的油文化促使人们不仅将油作为调味料,还发现了将油用于其他领域的妙处,与此同时还启发文人创作诗词歌赋的灵感。本书详细地介绍了油文化的起源、发展、延伸与完善,不仅介绍了油作为调味料的历史演变,还介绍了油用于其他领域的情况,例如用于化妆品、照明、军事、医学、农业、轻工、纺织、铸造、书画、造船和雨伞等。

本书的编撰工作历经三十五载,在这三十五年间,我们收集和查阅了大量的资料,踏访了诸多地方,真可谓读万卷书,行万里路。不管怎样,我们拥有一个共同的心愿,就是要把华夏文明中的油脂文化传承下来,这是继2015年《中国制油史》一书出版后,我们奉献给广大油脂科技工作者的又一部心血之作。

本书共分七章,参加编写的人员如下:武汉轻工大学王丽英、胡传荣(第一章);武汉轻工大学何东平,益海嘉里金龙鱼粮油食品股份有限公司潘坤(第二章);瑞福油脂股份有限公司崔瑞福、杨忠欣、庞景生(第三章);中国国家博物馆陈履生,武汉轻工大学王丽英、郑竟成、赵康宇(第四章);武汉轻工大学罗质,中国农业科学院黄双修(第五章);武汉轻工大学何东平、王丽英、张研彦(第六章);内蒙古大学李树新,武汉轻工大学张四红、雷芬芬、高盼,武汉博特尔油脂科技有限公司田华(第七章)。本书由何东平、崔瑞福、王丽英主编。

感谢中国粮油学会首席专家、中国粮油学会油脂分会名誉会长王瑞元教授级高级工程师;江南大学王兴国教授、金青哲教授、刘元法教授;河南工业大学刘玉兰教授、谷克仁教授;中国粮油学会油脂分会周丽凤研究员等专家对本书的支持和帮助。

感谢武汉轻工大学油脂及植物蛋白科技创新团队的买清江、林国祥老师对本书的贡献。

武汉轻工大学邹翀、尤梦圆、双杨、庞雪风、王文翔、赵书林、闵征桥、孙红星、刘金勇、王澍、陈哲、曹维、张静雯、宋高翔、陶然、王斌、吴建宝、田杰、阮瑜琳、潘泓艺、尹佳、吕小义、初柏君、叶展、彭辉、王娟、林源峰、郭雄、杨威、耿鹏飞、袁博、陈玉、魏学鼎、周张涛、邹曼、杨歆萌、陈科名、金玉言、马开创、杨小雨、刘春晓、张语杰、袁桥娜、董家合、赵兰萱、黄小雪、刘辉、董志文、曾仕林、贺瑶、孔凡、曹健、杨晨、黄宏飞、陈梦豪、陈雅琪、李建成、韩瑞等研究生和本科生参与了本书的整理及校订工作，在此向他们表示衷心的感谢。

感谢中国粮油学会首席专家、中国粮油学会油脂分会名誉会长王瑞元教授级高级工程师为本书题词。

本书得到瑞福油脂股份有限公司出版资助，特表谢意。

由于编著者水平有限，书中不妥或疏漏之处恐难避免，敬请读者不吝指教，来函请发(E－mail：hedp123456@163.com)。

更多相关内容可登录中国油脂科技网(http://www.oils.net.cn)查询。

编者

目 录

CONTENTS

油脂溯源 第一章

　　常言道：开门七件事，柴米油盐酱醋茶。油排列第三，说明自古油在人们的生活中就起着不可或缺的作用。

　　油文化就是以油为载体的文化。油的"基因"造就了油文化厚重的秉承，油的"密码"记录了油文化丰富的蕴涵——这是人类在发现、开发、利用油脂资源过程中创造积累的精神财富的总和。

　　人类总是以地域为单位，组成不同的社会结构，创造其社会文化。随着社会的分工，人类又总是以行业为基础而形成不同的生产方式，也就创造了行业文化。

第一节　油脂概述

油脂在历史上曾经有过不同的名称。先秦时期所著《礼记·内则》《周礼·天宫》各篇中，叙述各种动物油称脂或称膏，而不称之为油。《礼记·内则》郑氏注："凝者为脂，释者为膏。"直到明末宋应星所著的《天工开物》一书中油品专论，还称"膏液"。以后逐渐演变改称油。随着科学技术水平的提高，人们对其物理性能有了进一步的鉴别方法之后，才逐渐把油和脂区分开来，一般规定在常温下呈液体状态者称油，呈固体状态者称脂。即使这样，油与脂也没有严格的界限，故统称为油脂。在广大人民群众中，仍然按习惯统称为油，如大豆油、菜籽油、猪油和牛油等。

油，形声字，从水，由声。本义为油水，是一条河流的名字。《说文解字》载："油水出武陵孱陵西，东南入江。"清代学者段玉裁在给《说文解字》作注时说，一般人都用这个字来表示"油膏"。按最早的称谓，有角者提炼出来称脂，无角者提炼出来称膏。《释名》曰："戴角曰脂，无角曰膏。"明代李时珍在《本草纲目》中有过这样的解释："凡凝者为肪为脂，释者为膏为油。"意思是说：凡是凝固了的就称脂肪，稀释的就称膏或油。

自从有了油脂，就有了开发利用油的历史，就有了关于油的科学利用和文化内涵，也就有了油文化。

第二节　油脂起源

"民以食为天"，这是人类生活的真实写照，从古至今概莫能外。人类为了生存和繁衍，必须有食物作为保证。在原始社会之初，人类靠渔猎获取动物充饥。当有了火种之后，原始人在烧烤肉食之际，发现熔滴下来的油脂具有特殊的香味和滋味。油从动物体内流出，肥肉细嚼亦能挤出油来，久而久之，人类懂得了日晒、烘烤、煎炸和挤压均能从含油丰富的动物组织中得到油脂。将其收集起来，用作食物的调味品，能够获得令人满意的效果。从此开创了人类利用动物油的历史。

在旧石器时代，人类的食物来源靠采集和狩猎。采集的对象是各种可食的植物果实、块根和茎叶等，一般不需要特殊加工即可食用。到新石器时代，随着人口的增加，大自然赐予的食物发生了短缺，单靠采集和狩猎已不能满足人类生存的需要，因此不得不寻找其他谋生的途径。他们从饲养捕捉到的禽兽中得到启示，获取经验，从而开始了驯化和饲养禽兽的时代。人们在采集活动中，逐渐熟悉了许多植物，发现它们的种子（或果实），落到地里，会生长同样的植物，结出同样的种子（或果实），生生不息。由此得到启发而萌发了种植业，于是人类进入了原始农业时代。古代人在烤食过程中，发现一些果仁掉进火里有香味飘逸，也会熔出像动物油似的液体，并能助燃发光，这开创了人类使用植物油的先河。《古史考》记载："古者茹毛饮血，燧人氏钻火而人始裹肉而燔之曰炮，及神农时，人方食谷，加米于烧石之上而食之，及黄帝时，始有釜甑，火食之道成矣。"据《黄帝内经》记载："黄帝得河图书，昼夜观之，乃令力牧采木实制造为油，以绵为心，夜则燃之读书，油自此始。"明代张岱所撰《夜航船》中则有"神农作油"的记载。民间有所谓"神农作油，轩辕作灯，唐尧灯檠，成汤作蜡烛"的传说，虽不足信，但至少可以说明，中国古代劳动人民发现和使用油脂的历史是十分久远的。

第三节　千　年　油　脉

中国油文化历史悠久。但对油文化的起源，因年代久远，证据有限，故不能详尽地弄清其细节。但是，从古代文献和农书、其他相关学科成就以及古代传说等方面，进行综合分析和推论，仍然可以触摸到古代油文化的历史脉络。

人类社会发展的历史过程，是由渔猎到畜牧，由畜牧到农牧结合，再到农、牧业的分工。从远古食用油发展来看，从动物中取油又比从植物种子中榨油容易得多。因此，人类对油脂的发展和利用，当从动物油开始，随着农业的发展而扩及植物油的产生和发展。恩格斯曾经指出：野蛮中期引向高级阶段，经历了使用铁器，即用铁剑、铁犁和铁斧的时代。"使更大面积的农田耕作"，因而使"农业现在除了提供谷物、豆科植物和水果以外，也提供植物油和葡萄酒……如此多样的活动，已经不能由同一个人来进行了；于是发生了第二次大分工：手工业和农业分离了。"由此不难看出，古代油文化是在农业和畜牧业发展到相当的程度才产生的。

1. 先秦时期饮食与生活的需要

在我国先秦时期的著作《礼记·内则》中，有很多与油脂相关的记载。"脂用葱，膏用薤"，郑玄注："凝者为脂，释者为膏"。在记述周代"八珍"之一——"炮豚"的做法时写道："煎诸膏，膏必灭之。钜镬汤，以小鼎，芗脯于其中，使其汤毋灭鼎"。膏即为猪油，"炮豚"即为烤乳猪，这道菜工艺颇为复杂，要经过火烤、油炸和鼎烹三道工序，在油炸时，要以膏油浸没食物为准。"取狗肝一，幪之以其膋，濡炙之，举燋其膋，不蓼。"记述的是"烤网油狗肝卷"的做法，狗的肠间脂肪，今俗称"网油"。在做"火脯"菜时，记有"则释而煎之"，意为用水将干肉浸松软而油煎，此菜为天子之食。纵观中国饮食文化史，大量记载了油脂在饮食和烹调中的重要性，说明它是人类生存不可缺少的食物之一。

随着社会的发展，人们对油脂性能的认知逐步深入。早在春秋时代，我国劳动人民就懂得用桐油制造涂料作为成膜物质。在大量的出土文物中，有春秋晚期精美髹漆彩绘的几案、俎、鼓瑟、戈柄、镇墓兽等。漆膜坚实、色彩清晰，可与古代文献的记载相印证。从配方技术来看，战国时期的漆器是用大漆加桐油和多种天然彩色颜料配成的油彩绘饰各种纤细花纹图案。凡掺了桐油的大漆，涂膜光泽都较纯粹的漆膜强，但抗老化性和耐化学腐蚀性能则不及纯粹大漆的涂膜。这种将桐油掺入大漆的配方技术是涂料工艺的重大发展，是涂料由单一天然成膜物质发展为复合成膜物质的一个转折点。

2. 汉魏晋南北朝时期油文化的产生

西汉末年著名农学家氾胜之（祖籍山东曹县）公元前32—7年任议郎时，曾在三辅指导农民种田，后升为御史。他长年累月搜集、翻阅论述农业生产的著作，并亲自进行检验，凡是在实践中经过证明是正确的就加以推广，已经过时的加以改进。他根据自己的科学试验和当时百姓中所取得的新成果，总结写成了我国最早的一本农书——《氾胜之书》，书中提到14种农作物，如大豆、大麻、苏子和芝麻等，并有"豆生布叶，豆有膏"的记载。"膏"即油之意。

陶弘景（456—536年）字通明，晚年号华阳影居，他经历了南朝的宋、齐、梁三个朝代，是我国古代的医药学家。陶弘景年轻的时候，家境并不富裕，但他酷爱学习，"读书万余卷"。在青年时期，曾经被宰相萧道成引为诸王侍读。陶弘景知识渊博，而且始终保持着"一事不知，以为深耻"的治学态度，采取搜集、记载、对比、鉴别、补充、汇集的方法，整理成书。526年写下《名医别录》一书，记载有："荏状如苏，高硕白色，不甚香……以其似苏字，但除禾边故也，笮其子作油，日煎之，即今油帛及和漆用者，服食断谷，亦用之，名为重油"。书中还记载了熊脂、白鹅脂、麋脂、"肪膏，主煎诸膏药"以及"胡麻……以作油"等动植物油脂。

北魏末年贾思勰编著的《齐民要术》，是我国现存最完整、最丰富的一部农业百科全书，全书十卷九十二篇，约11万字。贾思勰是北魏末叶杰出的农业科学家，今山东人，做过高阳郡（今山东境内）太守。曾到过山西及河北的西部等地，后来回到家乡，亲临农牧业生产。《齐民要术》中，"齐民"意思是平民百姓，"要术"是指谋生的重要方法，四字合起来是指人们从事生活资料生产的重要技术知识。该书综合整理农艺科学文献和汉代以来北方农业生产实际经验，以及对农副产品的加工利用，反映了当时农业经济和农村的生活状况。《齐民要术》中记载："胡麻（即芝麻）、麻籽、芜菁（蔓菁）、红兰花""输与压油家"。说明当时已发现多种油料作物，并已产生专门榨油的人家。从书中可看出当时的科技和饮食文化已发展到相当的高度。"取新猪膏，极白净者，涂拭勿往。若无新猪膏，净麻油亦得""细切葱白，熬油令香""无肉苏油代之"等，其品种齐全，数量较多。并称"木有摩厨，生于斯调。厥汁肥润，其泽如膏。馨香馥郁，可以煎熬。彼州之民，仰为嘉肴。"书中专门叙述与畜牧兽医有关的知识，有"以脂涂人手，探谷道中，去结屎……"的描写。可以说，当时在兽医外科方面已经有将油脂用于腹腔器官疾病的手治法。还有"治马疥方：用雄黄调猪油、烧柏脂涂之，良。"书中提到的动植物油有七种：大麻子油、芝麻油、苏子油、芜菁子油、猪油、牛油和羊油等。在"胡麻第十三"记载"若乘湿横积，蒸热速干，虽曰郁浥，无风吹亏损之虑。浥者，不中为种子，然于油无损也。"这段意为：假如趁湿将刈倒的胡麻平放着横堆在地上捂起来，听任它发热赶快干，虽不免会有浥湿热蒸的缺点，但却没有风吹落粒的顾虑。受过热蒸的胡麻，虽然不可作种子，但对油的质量却不会有损伤。在"荏蓼第二十六"记载"收子压取油"。同时，记载有制造润发油的日用品已采用芝麻油和猪油作为原料。贾思勰在编写《齐民要术》的过程中，刻苦钻研，博览群书，引用前人著作达一百五、六十种之多，总结和继承了我国古代农学的宝贵遗产；采集民间的歌谣和谚语，从中寻求宝贵的农学知识，书中引用农谚三十余条，这些都是劳动人民生产经验的结晶；访问有经验的老农，向他们请教，以获得更多的实际知识；并且还结合自己的实际观察和实践，来检验这些经验。《齐民要术》是后魏以前中国农业科学技术的集大成者，它为后人写农书和总结制油经验开辟了良好的先例。

3. 唐代油文化的发展概况

《食疗本草》的作者之一孟诜，是孙思邈的弟子。孟诜（621—713 年）从小喜好医药方术，年长中进士，先后出任凤阁舍人、台卅司马、春宫侍郎、侍读。《食疗本草》是我国早期食疗发展史上内容最丰富的一部著作，并第一次以"食疗"二字名书。该书首次记载了不少当时的药学文献未曾记载的食物，与之前的同类文献相比，《食疗本草》一个很突出的特色，就是注意反映当时的食疗经验和作者自家的心得和见解。此外，《食疗本草》广采博收不同地域的食物，尤为可贵的是，在十几味药物之下，作者比较南方、北方不同的饮食习惯以及食用同一物的不同效果，从而提示食物疗法必须充分注意地域性。文中记载："胡桃……仙家压油，和詹香涂黄发，便黑如漆，光润。"意为用胡桃为原料经压榨取得的油，和詹香一起涂抹发黄的头发，可以使头发很快黑得像漆一样光润。"熊脂：微寒，甘滑。冬中凝白时取之，作生，无以偕也。脂入拔白发膏中用，极良。脂与猪脂相和燃灯，烟入人目中，令失光明，缘熊脂烟损人眼光。"意为熊的脂肪，性微寒，鲜美柔滑，待到冬季熊背上的脂肪凝聚时才可杀熊取用。将熊脂调进拔白发的膏剂中使用，效果极好。熊脂和猪脂掺和点灯，如果它的油烟飘进人的眼睛里，可引起失明，这是因为熊脂的油烟能损伤人的视力。"豹……脂：可合生发膏，朝涂暮生。"意为：豹脂，可供制作生发膏，早上涂豹脂，晚上头发就长出来了。"野猪……其膏：炼令精细，以一匙和一盏酒服。日三服，令妇人多乳。服十日，可供三、四孩子。脂：主妇人无乳者，服之即乳下。本来无乳者，服之亦有。"意为：野猪膏，经过炼制，使它很纯净。一匙猪膏，可用一杯酒送服。每天三次，可以使妇女乳汁分泌增加。服用十天，乳汁多得可以喂养三四个孩子。野猪脂：妇女分娩后没有乳汁分泌，吃了猪脂，乳汁就分泌出来了。素来就没乳汁的妇女，吃了猪脂也会有乳汁。"鹅脂：可合面脂。"意为：鹅脂可用来制作面霜。"雁膏：可合生发膏，仍治耳聋。"意为：雁膏可用来制作生发膏，也可治耳聋。"鲤鱼脂：主诸痫，食之良。"意为：鲤鱼脂，主治各种痫症，食用后效果很好。"猬，其脂主肠风、痔瘘。可煮五金八石。与桔梗、麦门冬反恶。"意为：猬脂，治疗肠风、痔瘘。可用它来煮制五金八石。但不可与桔梗、麦门冬共食。"鼋膏：摩风及恶疮。又，膏涂铁，摩之便明。《淮南》方术中有用处。"意为：鼋膏，外用来涂擦体表，治疗风邪和恶疮。又，鼋膏涂在铁器上，再加上打磨就会发亮。《淮南子》的方术中有用到它的地方。"鲎脂：烧，集鼠。"意为：鲎脂，烧着以后，它的气味可以把老鼠召集到一块。"牡鼠：取腊月新死者一枚，油一大升，煎之使烂，绞去滓，重煎成膏，涂冻疮及折破疮。"意为：取腊月刚死的牡鼠一只，油一大升，油煎老鼠使它熟烂，布包后绞出汁，去掉渣滓，再次煎煮，制成油膏。外涂可治冻疮和跌打损伤造成的伤口。"蚺蛇膏：主皮肤间毒瓦斯。"意为：蚺蛇膏，主治各种皮肤病。对于植物油及用途又记载有："胡麻，胡麻油：主喑，涂之生毛发。"意为：胡麻油能治疗发不出声音；用它外涂，可促使毛发生长。"白油麻，其油：冷，常食所用也。无毒，发冷疾，滑骨髓，发脏腑渴，困脾脏，杀五黄，下三焦热毒瓦斯，通大小肠，治蛔心痛，敷一切疮疥癣，杀一切虫。取油一合，鸡子两颗，芒硝一两，搅服之，少时即泻，治热毒甚良。治饮食物，须逐日熬熟用，经宿即动气。有牙齿并脾胃疾人，切不可吃。陈者煎膏，生肌长肉，止痛，消痈肿，补皮裂。"意为：白油麻榨出的油，性冷。它就是我们日常所用的食油，无毒，能引发寒性病症，滑泻人的精髓，引起肝脏阴液耗损而产生口渴，使脾脏困顿。可消除五种黄疸，排泄三焦的毒热邪气，通利大、小肠，治疗蛔心痛；外敷治疗各种疮疡疥癣，驱杀各种寄生虫。取油一合，鸡蛋二枚，芒硝一两，搅拌后服用，一会儿就会引起腹泻，治疗热毒效果很好。用它来烹调食物，必须每日将白油麻煎熬后使用，放过夜的白油麻油会引起动气。牙齿有病以及脾胃虚弱的人，切记不可食用。放置久了的白油麻油煎成膏服用，可生肌长肉，止痛，消散痈肿，有益于治疗皮肤皲裂。"胡荽子：主小儿秃疮，油煎敷之。"

意为：胡荽子，治疗小儿头部秃疮，用油煎后外敷患部。"蔓菁：压油，涂头，能变蒜发。"意为：蔓菁子榨出的油涂抹在头部，可以治疗青年人的花白头发。"荏子：压作油用，亦少破气。"意为：荏子榨油供食用，也稍有破气的作用，过多食用会使人心闷。"菫菜干末和油煎成，摩结核上，三五度便瘥。"意为：取干菫菜研末和油煎成膏，取膏在皮肤疱块上摩擦。如此用药三五次就可痊愈。

4. 宋元时期油文化的发展概况

北宋文学家欧阳修（1007—1072年）《卖油翁》曰："以我酌油知之，乃取一葫芦置于地，以钱覆其口，徐以杓酌油沥之，自钱孔入，而钱不湿。"

据北宋大臣、天文学家苏颂（1020—1101年）撰写的《本草图经》记载：油菜"出油胜诸子，油入蔬清香，造烛甚明，点灯光亮，涂发黑润，饼饲猪易肥，上田壅苗堪茂。"胡麻"本草注，服胡麻油须生笮者，其蒸炒作者，正可供食及燃尔。"并且记载有："蓖麻子……可榨油燃灯。"

1116年北宋寇宗奭所著《本草衍义》记载："白油麻……炒熟，乘热压出油，而谓之生油，但可点照，须再煎炼，方谓之熟油。"

1139年南宋（1127—1279年）庄绰《鸡肋编》记载："胡麻……炒焦压榨，才得生油，膏车则滑。"

元代《务本新书》记载：油菜"收子取油，甚香美""陕西惟食菜油，燃灯甚明。或熬油以油诸物。"

5. 明代油文化的发展概况

十六世纪初，宋诩在《树蓄部一·柏》一书中记载：乌柏"其子外白膜，蒸镕之，凝为烛材，其子内白肉，杵榨之，为清油而燃灯。"

十六世纪的《土方记》一书中记载："亚麻仁可榨油，油色青绿，燃灯甚明，入蔬香美，皮可织布，秆可做薪，饼可肥田。"

《本草纲目》为明代医学家李时珍所编著。李时珍（1518—1593年）整整花了二十七年的时间，完成了这部伟大的著作。书中记载了动植物油脂在医学的作用。

6. 清代油文化的发展概况

清初学者方以智，博学识广，对于天文、地理、历史、生物、医学、哲学、文学、书画、音韵等无不涉猎。他重视科学试验，1650年前后著述的《物理小识》记载："点灯使菜子油，蓖麻压油……炒焦压榨，才得生油，膏车则滑……麻油出炒者曰生油，出生研者曰熟油……脂麻炒熟，入沸汤。油患浮，可取用。……凡榨油，先炒子磨之，又碾之，又蒸之，草苴入钱围上，榨蒸不可太过，太过则有水气。""白菜，四月收子榨油，名油菜。""菜子干二石，榨油八十斤。""生铁铸釜，补锭甚多，惟废破铁釜熔铸，则无复隙漏。釜成后，以轻梜敲之如木者佳。然惟福山铸锅为最，以其薄而光，熔铁既精，工法又熟。他处皆厚，必用黄泥豕油炼之，乃可用。"这种铁器铸造工艺，用的是动物油。书中还记载："读书点麻油，无烟，不损眼，然易燥，每斤以桐油三两和之，或入少盐，亦可省油。"

1700 年前后陈继儒编集的《致福全书》记载："芝麻生则性寒，炒则性熟……榨油存滓，可打饼肥田。"他的《致福奇书广集》一书中记载："油菜甘平无毒，子可榨油，其渣作饼肥田。""河南菜子，每石得油三十六、七，沿江一带，上好者，三十四、五，下者不如""苏籽于五谷地上及地旁种之，其子压油，点灯甚明。"

1721 年吴桭臣撰写的《宁古塔纪略》记载："油用苏籽油，似吾乡之紫苏籽也，亦有麻油，稍贵。"

1742 年张延玉等撰写的《授时通考》记载："菜子灰赤色，炒过榨油，黄色，燃灯甚明。"

1747 年杨屾撰、郑世铎注解《知本提纲》记载"一曰渣粪，凡一切菜子、脂麻、棉子，取油成渣，法用碾细，最能肥田。"

1760 年张宗法撰写的《三农记》记载："落花生，炒食可果，可榨油，油色黄浊，饼可肥田。""苏麻，笮油黄白色，制炼涂帛纸……生油可灯，入蜡可烛，油能桑五金八石。"

1765 年赵学敏撰写的《本草纲目拾遗》中载药 921 种，他查阅大量医学文献，向劳动群众请教，并亲自栽培和尝试药物。记载："落花生……亦可压油……其油煎之不熟，食之。"

第四节　油脂演变

自从人类发现并使用火以来，就开始通过食用动物的肉，来摄入脂肪，我国远古时期的食用油都是动物油。古人在不同的情况下会使用不同的油来烹饪，《周礼·天官·庖人》中记述了负责掌管天子膳馐时供应肉食的官员，根据不同的季节，使用不同的煎炸油和各种鸟兽肉类。春天用牛油煎羊羔、乳猪；夏天用狗油煎野鸡肉干、鱼干；秋天用猪油煎牛犊和鹿崽；冬天则用羊油煎鲜鱼和大雁。不同的油搭配的材料也不同，在周代，脂膏的使用，一种是放入膏油煮肉，一种是用膏油涂抹以后将食物放在火上烤，还有一种是直接用膏油炸食品。

在石器时代，随着工具的使用，人们也开始种植一些农作物，这些农作物和一些果实也逐渐成为人类摄入脂肪的来源。在食用相当长时间的动物油后，因为榨油技术的诞生，才始有素油，即植物油。

有了油水的日子才能算得上是有滋有味。无论是从远古时期烤肉上滋滋冒出的焦油香气，还是今天的花生油、芝麻油、橄榄油、调和油的烹调香气……人类追逐能量象征的油脂香气，犹如一种印刻在基因里的本能，历经千万年不变。

油炸、烘烤、煎炒，食物的加热和加工总离不开食用油的神奇催化；调沙拉、拌黄瓜、做酱汁，不加热食物的制作和调味也需要食用油来大显神通。种类繁多的食用油按照来源，基本可以分成三类：动物油、植物油以及调和油。因为提炼加工技术的演进，历史上这三种油的出现有其先后：动物油最早被发现使用，植物油姗姗来迟，调和油则始于现代。伴随食用油主角的变化，人们的健康饮食观念也在不断刷新。

一、动物油

动物油是从动物的脂肪组织提炼而来，大多靠加热就能获得，因而最先出现在烹调史上。在人类发现火并以此烤炙肉类时，高温下炼出的油脂就是动物油。

俗话说"靠山吃山，靠水吃水"。在吃油这件事上，早期时候地理因素的影响力不可小觑。北方游牧民族通过牛、羊的脂肪和内脏提炼出牛油和羊油。生活在格陵兰北部的因纽特人以鱼油、海豹油、鲸油为食用油；其中鲸油除了用作照明、工业用途，其油脂在氢化后也可以食用。

在古代，猪油被称为"膏"或"膏腥"，按照《周礼·天官·冢宰》的记载，最适合秋季食用（"秋行犊麛，膳膏腥"）。在欧洲，德国的《格林童话》里也收录了一个有关猪油的故事：猫和老鼠合伙买猪油，藏在教堂里准备过冬，却被猫独自偷吃掉。

动物油的主导地位持续了几千年，在二十世纪二十年代的时候开始被颠覆——由于植物油提炼技术的成熟发展、油类经济作物的广泛种植与工厂化生产，价格低廉也更健康的植物油开始普及全球，进入千家万户。

二、植物油

植物油是从植物种子、果肉、胚芽中所提取的油脂。不同于动物油加热即可获得，植物油的获得基本依靠压榨和浸出技术，因而在食用油的历史上出现较晚，其中，以浸出法提炼植物油的技术更是最近一百多年才诞生的制油工艺。

不过植物食用油家族里有一个抢先起跑者——橄榄油。因为果实和内核都富含油脂，新鲜采摘并压碎成糊状，在筛网上通过施加压力即可轻松出油，所以早在公元前6000—公元前4500年间，在如今的以色列一带就诞生了橄榄油。埃及人认为是他们的女神伊希斯向世人传授了提取橄榄油的技巧；古希腊诗人荷马将橄榄油誉为"液体黄金"；古罗马人则正式将橄榄油引进到地中海文明，并以是否食用橄榄油作为划分文明社会与野蛮游牧民族的标识之一，被罗马人征服的地区甚至可以用橄榄油来代替税钱。罗马统治者热爱橄榄油，将其分类成：上等青橄榄做成的橄榄油、成熟期橄榄油、掉在地上的橄榄果做成的橄榄油等。可以说，橄榄油就是地中海饮食的点睛之笔，无论烤肉、做菜、做汤、制作糕点，都能有橄榄油的用武之处。公元前六世纪时，西起叙利亚、东至葡萄牙、北到法国、意大利，南至摩洛哥一带，橄榄树随处可见。时至今日，地中海沿岸的这些国家也是橄榄油的出口大国。

其他植物油的提取则出现较晚。古代中国最早有记载的植物油是西汉时张骞从西域带回的芝麻油，又称"胡麻油"。正如《梦溪笔谈》里记载："汉使张骞始自大宛得油麻种来，故名胡麻。"大宛是古西域国名，即今费尔干纳盆地。传统的芝麻油的提取方法采用水代法，即把芝麻筛洗好、置锅中炒酥，再用石磨磨成细麻酱坯，按比例将油坯和开水放入锅中，通过搅拌、沉淀后把油替出来，再通过长时间震动和重铜锤打轧的方法将残油和麻渣分开。西晋张华《博物志·卷四·物理》记载了这种方法："煎麻油。水气尽无烟，不复沸则所著还冷。可内手搅之。"在唐宋时期，芝麻油成为普遍的烹饪用油，《梦溪笔谈》曾记录有："如今之北方人喜用麻油煎物，不问何物，皆用油煎。"

到了明代，伴随着榨油技术的发展，植物提取的油脂品种也随之增多。《天工开物》专有一章详细记录了植物油的榨取，包括榨油方法——"北京有磨法，朝鲜有春法，以治胡麻，其余则皆从榨出也"；各种植物油的受欢迎程度——"凡油供馔食用者，胡麻、莱菔（即萝卜）子、黄豆、菘菜子为上；苏麻、芸苔子次之；茶子次之，苋菜子次之；大麻仁为下"；以及各种油类植物的出油率——"胡麻每石得油四十斤，莱菔子每石得油二十七斤，芸苔子每石得三十斤，菘菜、苋菜子每石得三十斤，茶子得一十五斤，黄豆得九斤"。

花生油是诞生最晚的植物油，直到清代在檀萃的《滇海虞衡志》里才有记载："落花生为南果中第一，以其资于民用者最广。"而花生作为舶来品，不同品种的引入分为几个阶段：十六世纪初，南美的花生被引入国内；康熙年间，从日本传入被称为"弥勒大种落地松"的花生种，也几乎是在这时国内才了解到"落花生即泥豆，可作油"；1860年前后，从美国传入的"弗吉尼亚种"花生，即常说的"洋花生"或"大花生"，在山东试种成功后，迅速向内地传播，由此逐渐成为我国重要的经济作物。

1896年，英商太古洋行在中国设立了一个新式油坊，以蒸汽机的压力将黄豆压碎，以手推铁制螺旋式压榨机的方式进行榨油，这是中国最早采用现代压榨工艺进行食用油生产的坊业。不过这样的方式依旧是物理压榨法，即用物理压力将油脂从植物油细胞里挤压出来，再通过碱炼、脱色、脱臭等工艺将压榨出的油杂质去除，成为精炼后的食用油。而采用相似相溶的萃取法原理，用食用级溶剂从油料中浸出油脂的浸出法，则是最近一百多年才出现的榨油技术。

油料史话 第二章

　　中国是世界上最早发现、种植并制取植物油脂的国家之一。我国古代的油料作物不仅种类繁多、资源丰富，而且分布面广。油料作物的发现、种植和加工，植物油的榨取、使用及商品化，都经历了从无到有、由小及大、由自食自用到进入市场的发展过程。古代草本油料作物主要有胡麻（即芝麻）、蓖麻籽、莱菔籽（即萝卜籽）、芸苔籽（即油菜籽）、苋菜籽、亚麻、大麻仁、黄豆、棉花籽、冬青籽等，古代木本油料作物主要有茶籽、桐籽、乌桕籽、樟树籽等。目前我国种植的八大油料为油菜籽、大豆、芝麻、花生、葵花籽、棉籽、亚麻籽和油茶籽，亦即大宗油料。紫苏籽、乌桕籽、大麻籽、蓖麻籽、桐籽等小品种油料的发展也很迅速。下文将探索这些油料作物的源起与发展历史。

第一节 大 宗 油 料

一、油菜籽

油菜是我国一类重要的油料植物。它的栽培种分甘蓝型油菜、白菜型油菜和芥菜型油菜三种类型，均属十字花科。它们是一年生或两年生草本，高 0.6 ~ 2 米。茎圆柱形，多分枝，叶子大，花黄色，果实圆柱形，种子棕色或黑色。种子供榨油，油供食用，油粕可以作饲料或肥料。甘蓝型油菜原产欧洲地中海地区，约二十世纪三十年代从日本引进我国，后来又从欧洲引入原产品种。白菜型油菜和芥菜型油菜在我国有很长的栽培历史。以青藏高原为主体的西部高山、丘陵地区是我国栽培白菜型油菜和芥菜型油菜的起源地，现在西藏仍有野生白菜型油菜的分布。一些农史学家也认为我国西北是北方小油菜的起源地之一，认为油白菜起源于江南。除野生种的现代分布外，我国西北是北方小油菜和芥菜型油菜的原植物发源地这种说法应该成立。在甘肃的秦安大地湾新石器遗址中曾发现过油菜籽，这说明我国西北栽培此种作物是很早的，那里栽培的油菜应该是北方小油菜或芥菜型油菜。至于南方油白菜，其起源地可能与白菜一样，应该起源于我国南方的江浙一带。

今天称为油菜的"芸苔"则是在东汉著名学者服虔的《通俗文》中始见记载，说它是"胡菜"。从其被称作"胡菜"这点来看，它可能来自西北，而其被称作"芸苔"或许因为它本身是一种食用花苔的蔬菜。本草著作中，《名医别录》首先收录了芸苔，说其"味辛温，无毒"。南北朝时期，《齐民要术》中有"种蜀芥、芸苔、芥子第二十三"提到："蜀芥、芸苔取叶者，皆七月半种……种芥子及蜀芥、芸苔收子者，皆二三月好雨泽时种。"从三者并列的情况来看，芸苔极有可能与蜀芥和芥是形态接近的蔬菜，芸苔是一种形态与"芥"接近的植物。

东晋葛洪的《肘后备急方》已经出现"菜油"。当然它很可能指的是芜菁籽榨的油。尽管如此，这一史实表明，我国使用十字花科植物种子榨油早在东晋就开始了。芜菁的植株与芥菜的形态极为相似，很可能人们发现芜菁种子可以榨油，而且收益很好，从而注意到芥菜籽同样可以榨油，并进一步注意到与芥菜形态相近的芥菜型油菜——芸苔也可以榨油。

《大唐西域记》曾提到"芥子油"，虽然说的是印度的物产，但也说明唐代的人们已经知道芥菜籽可以榨油，在此基础上培育出芥菜型的油菜似乎也是顺理成章的事。在已知的文献中，唐代陈藏器的《本草拾遗》首先记载"芸苔"种子可用于榨油。书中曰："子取压油傅头，令头发长黑"。尽管芸苔是一种潜在的油料作物，直到宋元年间，它在文献中似乎也只是一种蔬菜，并未"进化"为一种油料作物。《本草衍义》指出："芸薹菜不甚香……诸菜中也不甚佳"；梁克家的《三山志》却记载："芸薹，香，可啖"，都未将芸薹与油菜相联系。元代的大型农书《农桑辑要》和营养学著作《饮膳正要》都收录"芸薹"或"芸薹菜"，后者还附有插图，这幅图还画有"菜薹"。从《农桑辑要》主要记载北方农事，以及《饮膳正要》作者为北方回族人这两点分析，"油菜"这一名称可能首先出现于南方。

南宋庄绰的《鸡肋编》中有一节关于油的论述："油通四方，可食与然者，惟胡麻为上，俗呼芝麻……而河东食大麻油，气臭，与苴子皆堪作雨衣。陕西又食杏仁、红蓝花子、蔓菁子油，亦以作灯……山东亦以苍耳子作油，此当治风有益。"同一时期的《小儿卫生总微论方》（1156 年）已经多次提到"菜油"。王质的《绍陶录》卷上"烛灯"条，提到"宜用……菜子油"。当时的《传信适用方》卷下也提到"菜子油"，或许当时用油菜籽榨油已经在南方一些地方形成产业。

南宋福建人林洪《山家清供》记载"满山香"菜品时，提到"煮油菜羹"。同一时期另一福建人黄公绍《在轩集》的《望江南·雨》诗也有"油菜花间蝴蝶舞，刺桐枝上鹁鸠啼，闲坐看春犁"的诗句，宋代出现油菜被当作油料作物栽培。元代浙江定海方志《昌国州图志》所列载的"蔬菜"中，已经列有"油菜"，而且与菘、白菜、芸薹并列，说明当地人可能已将油菜当作油料作物栽培。《农桑衣食撮要》（1314 年）有九月"种油菜"的记载，该书是作者鲁明善在今安徽为官时撰写的。

《昌国州图志》关于"油菜"的记载，从明代江浙一带的地方文献资料来看，它应当指的是白菜型油菜。王鏊（1450—1524 年）撰《姑苏志》记载：油菜"冬种，春初，生苔可食，四月取其子压油"。差不多同时期松江人宋诩的《竹屿山房杂部》也记载："白菜……九月杵浅坑种，四月收子为榨油之需"。后来方以智的《物理小识·饮食类》记载："白菜……九月杵浅坑种，四月收子榨油名油菜。冬以鸡鹅粪或芝麻莘覆根，则春盛，摘其苔心食之，枝遂旁发，结子繁衍。西江不摘苔，以不粪也。其曰羊角菜，似白菜而叶卷，四时宜种，榨油较多"。表明当时南方的油菜的确是由白菜演化而来。明末《吴兴备志》记载，湖州的白菜移植到其他地方就变成青菜和油菜，也可证明这一点。宋元时期，浙江一带的油菜应该是"四月收子"的白菜型油菜，亦即油白菜。油菜得名，诚如《万历杭州府志》记载："油菜，子可作油，故名。将花时取其心食最美。心去则其蘖丛生，花更多，子更繁，其利倍之"。可见当地油菜的原型是可以摘取"苔心"的白菜。

江浙等地的"苔心菜"与油菜密切相关。南宋《西湖老人繁胜录》记载了"台心菜、黄芽菜、矮菜";《梦粱录》记载了"苔心矮菜"。这里的"台（苔）心菜"和"苔心矮菜"应该都是类似白菜的菜薹，它们可能是后来的白菜型油菜的原型。明代《嘉兴府志》（1492年）记载："苔心菜……取其子捣作油，称菜油"。《福建通志》引明代《八闽通志》云："油菜，叶似白菜，青色，根微紫"，可见当地栽培的的确是形似白菜的种类。《广西通志》也记载："苔心菜，俗名油菜，味与江南不殊，而气候差别……每秋九月即食，桂林最盛，春末黄花遍于田野。"从明晚期和清初的文献记载可以看出，当时江南和华南的油菜应该是菘（白菜）的一个变种，"菜油"是由油菜籽压榨的，而且是白菜型油菜。

明末《天工开物·油品》记载："凡油供馔食用者，胡麻（一名脂麻）、莱菔子、黄豆、菘菜子（一名白菜）为上；苏麻（形似紫苏，粒大于胡麻）、芸苔子（江南名菜子）次之；茶子（其树高丈余，子如金樱子，去肉取仁）次之，苋菜子次之；大麻仁（粒如胡荽子，剥取其皮，为律索用者）为下"，还指出"芸苔子每石得油三十斤，其耨勤而地沃、榨法精到者，仍得四十斤";"菘菜子每石得油三十斤（油出清如绿水）"，其中的"菘菜子"很可能就指油白菜籽。从《天工开物》的记载来看，油白菜籽和芸苔籽的出油率大体相当。清代前期，油白菜的名称已在文献中出现。赵学敏《本草纲目拾遗》明确提到："油白菜收子作种"。

宋元间的文献中，芸苔和油菜是分列的。《救荒本草》的"芸台菜"附图较像是芥菜型油菜，但也没说芸苔就是油菜。将芸苔和油菜联系起来的很可能是明代末期的李时珍。《本草纲目》记载："时珍曰：此菜易起苔，须采其苔食，则分枝必多，故名芸苔；而淮人谓之苔芥，即今油菜，为其子可榨油也。羌陇氐胡，其地苦寒，冬月多种此菜，能历霜雪，种自胡来，故服虔《通俗文》谓之胡菜……芸苔方药多用，诸家注亦不明，今人不识为何菜。珍访考之，乃今油菜也。九月、十月下种，生叶形色微似白菜。冬、春采苔心为茹，三月则老不可食。开小黄花，四瓣，如芥花。结荚收子，亦如芥子，灰赤色。炒过榨油黄色，燃灯甚明，食之不及麻油。近人因有油利，种者亦广云。"从李时珍的记载，我们不难想象，很可能芸苔本身就是食用"菜薹"的蔬菜，因其有生产更多种子的潜力而被定向选择为"油菜"。从其被淮人称为"苔芥""生叶形色微似白菜"，开花"如芥花"等特点来看，李时珍所说的"油菜"或"芸苔"很可能就是芥菜型油菜。把"油菜"和"芸苔"等同起来，可能始于《本草纲目》。

明代油菜的栽培似乎已经比较普遍。当时的《普济方》《仁端录》《先醒斋医学广笔记》等医药书籍已经有不少涉及"菜子油""菜油"的方剂。《普济方》还提到一些药忌与油菜同吃。《江南经略》《筹海图编》等兵书也提到

"菜油"。《竹屿山房杂部》《遵生八笺》等养生书籍也多有"菜油"用途的记述。

明代著名理学家王守仁的《和董萝石菜花韵》一诗中有"油菜花开满地金，鹁鸠声里又春深"的说法。联系上述李时珍所云"种者亦广"，表明油菜的栽培和应用在明代已经相当普遍。正因为油菜是当时重要的大田作物，明代的农书《便民图纂》等都有栽培油菜的记载。明代油菜作为一种广泛栽培的油料作物的另一证据是，当时不少书籍都提到油菜籽的出油率。方以智的《物理小识·草木类》也提到："菜子干二石，榨油八十斤"。清代，各种地方志都有油菜栽培的记载，无论是华南的两广福建，还是东北的辽宁等地都不乏这方面的资料。清代学者吴其濬指出，油菜"冬种冬生，菜薹供茹，子为油，茎肥田，农圃所亟"。同时还指出，它有"油辣菜、油青菜二种。辣菜味浊而肥，茎有紫皮，多涎，微苦。武昌尤喜种。每食易厌，油青菜同菘菜，冬种生苔，过于莴笋"。

二、大豆

大豆起源于我国，种植历史距今已有五千多年。黑龙江大牡丹新石器时代遗址中曾发现过豆类植物；山西侯马遗址也发现过战国时期的炭化大豆；长沙马王堆西汉墓中也出土过两千一百年前的大豆；河南洛阳烧沟的汉墓中，发掘出距今两千年的陶盆上，用朱砂写着"大豆万石"四个字，同时出土的陶壶上也有"国豆一钟"的字样……这些考古上的发现，反映了我国种植大豆的悠久历史。大豆在古代叫"菽"，西周至春秋战国时期的文献都有记载。《诗经》中《大雅·生民》有"艺之荏菽，荏菽旆旆"，《小雅·采菽》有"采菽采菽，筐之莒之"，《毛诗郑笺》中写道"菽大豆也"；《春秋定元年》有"陨雷杀菽"，注："大豆之苗"；《仪礼注》："王公遬豆而食日啜菽"的记载。据于省吾先生考证，商代甲骨文"尗"就是"菽"的原始文，当代文字里有"尗"和"豆"字。先秦以前对豆类作物或豆类种粒的称呼一般是用"尗"字。"尗"是本字，它的假借字为"叔"，俗字为"菽"。"豆"字在开始时并不含有"菽"的意思，而是指食肉器。但在先秦的《礼记》《战国策》等极少数书里，亦有用"豆"字来代替"菽"字的，不过在当时并不普遍，惯用的仍是"菽"字。秦汉以来，"豆"字逐渐代替了"菽"字。"大豆"这一词始见于《神农书》，说大豆在槐树出叶时种植，经九十天开花，再过六十天成熟。秦汉以后大豆已是广为种植的农作物。大豆本是我国的特产农作物，野生大豆在我国南方和北方都有分布。现在世界各国栽培的大豆都是从我国直接或间接传出去的。英语、俄语、德语、法语、拉丁语等语言中大豆的名词，都是"菽"字的音译。

三、芝麻

芝麻是西汉张骞出使西域后传入我国的。但在浙江吴兴钱山漾遗址和杭州水田畈遗址却先后出土了四千五六百年前的芝麻。芝麻在钱山漾遗址共发现数百粒，都在地下水位之下的竹器篾缝内，"出土时色泽新鲜，从表面看，颗粒也很丰满，实际都成了空壳。"从出土层位分析，竹器是属良渚文化的遗物。那么，附在竹篾内的芝麻，应是钱山漾的良渚文化居民曾用这种竹器盛放过芝麻的遗留物。芝麻为胡麻科一年生草本植物芝麻的种子（古称胡麻），历代文献中有许多不同的名称，如《诗经·豳风》中的"麻"和"苴"，《神农本草经》中的"巨胜"和"胡麻"，汉时《氾胜之书》中的"胡麻"，三国时《吴普本草》中的"方茎"，南齐时《名医别录》中的"狗虱"和"胡麻"，唐时《食疗本草》中的"油麻"等都是指谷食之麻，即宋代始称的"脂麻"。芝麻名称如此复杂，这不是一般外来品种所常有的。"麻"字是由"广"与"林"两部分构成，意思是指人类在其居住周围栽种的茂盛植物。芝麻和薯、芋类植物一样，在历史上是最早被采集和培育成的栽培植物。芝麻的种子吃起来很香，不难设想，原始社会的人们在采集野生植物的过程中，这种既可生食味道又美的麻子是会引起重视的。因此在原始农业时期，在每个住房周围，人们首先广植芝麻，也是很自然的。可以相信，最初芝麻仅做谷食，后来所谓五谷之麻，以麻为首，大概就是这个道理。至于纤维用麻，则应是植物栽培发展以后的事情了。据《后汉书·礼仪志》记载，八谷为黍、稷、麦、粱、稻、麻、菽、小豆，所有这些，都足以证明芝麻在我国有着悠久的栽培历史，芝麻是我国古代最早的油料作物之一。

四、花生

我国是花生起源地之一，距今已有四千七百多年的历史。在江西修水山背房址的烧坑旁曾发现四粒炭化的花生，经鉴定为新石器时代的。在浙江吴兴县钱山漾新石器时代遗址中也发现炭化落花生籽粒。花生又称为落花生、万寿果、长生果、番豆等。元代贾铭的《饮食须知》记载："落花生味甘微苦，性平……诡名长生果。"明兰茂的《滇南本草》中也有花生的记载。在明弘治十六年（1503年）的《常熟县志·土产商品》的末段，花生条上载有"三月栽，引蔓不甚长。俗云花落在地，而生子土中，故名，霜后煮熟食，其味才美"。明弘治十七年（1504年）的《上海县志》和明正德元年（1506年）的《姑苏县志》上，均有落花生的记载。1530年，明黄省曾所著的《种芋法》中，记载了花生"引蔓开花，花落即生，名之曰落花生，皆嘉定有之"的生理特性和地理分布。不过在这本书里，以及稍后的王世懋《学圃杂疏》一书里，都是把花生同香芋并列，显然是将花生视为芋类。后来陈淏子在《花镜》中更直截了当地说"落花生一名香芋"，早先是把花生果当作一种果品来吃的。

五、葵花籽

向日葵在中国的种植历史已有两千五百多年，向日葵又名向阳花、天葵子、转日莲，古代称西番菊、迎阳花、文菊。因为它的花盘总是跟着太阳转动的方向转动而得名。史书记载中有二说，一曰菜，一曰葵倾。据简文"量之以斗计"，可知为颗粒状物，非叶茎类菜。《左传》云："鲍庄子之知不如葵，葵就能卫其足。"杜注云："葵倾，叶向日，以蔽其根。"《淮南·说林训》云："葵可烹食"。《豳风·七月篇》云："七月烹葵及菽"。崔寔《四民月令》云："正月可种春麦、瓜、芥、葵、大小葱"。明代文震亨撰《长物志》首次使用"向日葵"一词。

六、棉籽

棉花在古代叫木棉，又称吉贝。在福建省武夷山市境内武夷山悬崖峭壁的一个洞穴中发现有船棺，船棺中除有麻织品和丝织品外，还有一块青灰色的残片，据上海纺织科学院鉴定，确系棉纤维和棉布实物，距今已有三千两百多年的历史。新疆民丰县尼雅遗址东汉墓中出土有蜡染棉布。据公元前二世纪《尚书·禹贡》中记载："淮海惟扬州……岛夷卉服，厥篚织贝。""岛夷"是指海南岛上的居民，"卉服"是指棉布做的衣服。《后汉书》记载："梧桐木华，绩以为布。"可见云贵高原种植棉花，在汉代就开始了。南北朝时《梁书·高昌传》记载："织以为布"。《南史·高昌传》亦有同样的记载。可知在南北朝时期，新疆地区已经种植棉花。南宋《蔡沈传》记载："卉，葛越木棉之属。""织贝，锦名，织为贝纹。"元初，棉花在长江中下游已有广泛的种植。明代，太祖初立国，就很重视奖励棉花生产，曾下令"凡民田五亩至十亩者，栽桑、麻、木棉各半亩，十亩以上倍之。"从此棉花的种植与桑麻并重，开始普及全国。

七、亚麻籽

亚麻别名胡麻，我国是栽培亚麻的故乡。亚麻之名，我国宋代已载入史册，《本草图经》中有"亚麻子出威胜军，味甘、微湿、无毒，苗叶俱青，花白色，八月上旬，采其实用。又名'鸦麻'，治大风疾"的记载。

明代李时珍所撰《本草纲目》中有亚麻"今陕西人亦种之，即'壁虱胡麻'也，其实亦可榨油点灯"的记载。胡麻籽酷似壁虱，即臭虫。明代宋应星所撰《天工开物》中提到亚麻籽是供燃灯用的，有"陕西所种，名壁虱脂麻，气恶，不堪食"的记载。我国胡麻史不绝书，只是有些古籍书上曾把"芝麻"称作"胡麻"，于是张冠李戴，左抄右袭，弄得颇为混乱，因而史书上的胡麻究系何指，泾渭难分。所以应对芝麻、胡麻、油用亚麻区别分清。

八、油茶籽

油茶是我国特有的木本油料树种之一，油茶的果实称为茶籽。油茶古名员木，三世纪前《山海经》云"员木南方油食也"，1061年苏颂等所著《本草图经》对油茶的性状、产地和效用有详细地记载。南宋郑樵（1150年）于《通志》中云"大方山多植其木"。

第二节　小品种油料

一、紫苏籽

紫苏别名荏子、赤苏、红苏、黑苏、青苏、鸡苏、苏麻等，古代称荏或荏子。我国是紫苏的起源地，有文字记载的已有两千多年的历史了。在秦汉间的字书《尔雅》中有"桂荏、苏"的记载。西汉后期汜胜之所撰《汜胜之书》中有"区种荏。令相去三尺"的记载。南北朝陶弘景所撰《名医别录》中有"荏状如苏，高大白色"记载，后魏贾思勰所撰《齐民要术》中有"荏子……收子压取油"的记载。北宋苏颂等撰《本草图经》中有"白苏，南呼为苏，北呼为荏。形方茎圆，叶有尖。四周钜齿。色有紫、白、青。秋开细白紫花成穗，作房，实如麻子。赤、白、黑、黄，笮油黄白色。制炼涂帛、纸……甚柔软光泽，漆竹木，滑美，生油可灯，入蜡可烛，油能柔五金八石……夜晦得灯，光明如月之苏，故名之。荏者，可任其事，而为之继日也"的记载。

二、乌桕籽

乌桕树别名木蜡树、木油树。乌桕树为中国之源树种，属植物中分布最广的亚热带油料树种。因乌鸦喜食其种子（乌桕籽）而得名。北魏贾思勰所撰的《齐民要术》中有乌桕树栽培的记载。李时珍的《本草纲目》中有

"乌桕，乌喜食其子，因以得名。陆龟蒙诗云：竹歇每依鸦舅影，挑频时见鼠姑心"的记载。宋应星的《天工开物》中有"桕子分打时，皮油得二十斤，水油得十五斤，混打时共得三十三斤"，且对皮油生产蜡烛均有详细地记载。明代徐光启的《农政全书》中有"乌桕树，收子取油，甚为民利。他果实总佳，论济人实用，无胜此者。江浙人种者极多，树大或收子二三石，子外白穰，压取白油，造蜡烛，子中仁，压取清油，燃灯极明，涂发变黑，又可入漆，可造纸用，每收子一石，可得白油十斤，清油二十斤"的记载。更言其利，劝人种植，他收集了大量关于乌桕树种植的资料，包括如何种植，种在哪些地方，种植它有什么好处等，他从农民那里吸取乌桕树种植的新经验，亲自试验，一旦证实确实有效，便把这些经验总结起来进行推广。

三、大麻籽

我国古代所谓"麻"，一般是指大麻，其别名有：线麻、野大麻、北麻。大麻是雌雄异株的植物，雌者称苴，雄者称枲。在新石器时代，我国已经种植大麻了。河南郑州郊区大何村遗址出土的大麻籽是目前世界上发现最早之物。甘肃东乡林西也出土过大麻籽。在湖南、河南和广西等地的不少西汉古墓中也都出土过大麻籽，距今已有六千年的历史。有关大麻的记载最早亦见于《诗经》。《礼记·内则》云"女又执麻，学女事以共衣服。"《玉篇》云"属也，皮绩为布，子可食。"西汉末年铜方斗的五谷图有"嘉麻"图，指的就是大麻。西汉后期氾胜之所著《氾胜之书》有种枲法，贾思勰所著《齐民要术·种麻》篇，介绍的是用于制造纤维的大麻的栽培。大麻籽在古代是供食用的，当时的人们把它作为五谷之一，到南北朝时期还有吃麻粥的。但是麻在谷类中并不算重要，它的重要功能成分是纤维。古代以丝麻或桑麻并称，北方的布几乎全是用大麻织成的。雄麻是利用它的韧皮纤维织成布，同时，它含油量高，可用来榨油。大麻籽是新石器时代的重要纤维作物兼食用作物，而今它早已不作为粮食，而是作为纤维作物和油料作物来栽培的。

四、蓖麻籽

蓖麻又名大麻子、蟥麻，原产非洲。543 年，南北朝梁顾野王撰《玉篇》书中有蓖麻的记载，这是迄今为止发现的最早的文字记载。唐朝李勣、苏敬等撰《新修本草》书中有"此人间所种植者，叶似大麻叶而甚大，其子如蜱，音卑，又名草麻子。今胡中来者，茎赤。树高丈余。子大如皂荚核，用之益良"的记载。北宋苏颂等所撰《本草图经》中有"蓖麻子，旧不著所出州郡。今到处有之。夏生苗，叶似葎草而厚大，茎赤有节，如甘蔗，高丈许，秋生细花，随便结实，壳上有刺，实类巴豆。青、黄、斑、褐，形如牛蜱，故名。夏采茎叶，秋采实。冬采根，日干。胡中来者，茎子更大"的记载。明代李时珍所撰《本草纲目》中有"亦作蓖、蜱、牛也。其子有麻点，故名麻"的记载。蓖麻适应性强，在当时各地多有栽培。

五、桐籽

油桐别名三年桐，古名荣、荏桐，始见《尔雅》。油桐果实去除外层果皮即见种子，称为桐籽。公元前770—476年间的春秋时期，我国劳动人民就懂得用油桐作为成膜物质制造涂料，并且当时的周代朝廷很重视人工培植漆树和油桐树，正式培植漆树并有官吏专管。《诗经·国风》篇中有："椅桐梓漆，爰伐琴瑟"等词句，是对桐油的描述。唐代开元年间，陈藏器《本草拾遗》中有"罂子桐生山中，树似梧桐"的记载，说明在当时桐树大面积种植。北宋寇宗奭（1116年）所著《本草衍义》谓"荏桐早春先开花，淡红色，状如鼓子花，花落成果，子可取桐油。"宋代陈翥所撰《桐谱》一书对油桐生态作了叙述。明代朱元璋曾下令"种桐漆棕于南京钟山之阳凡五十亩"。明代徐光启的《农政全书》中详细介绍了植桐和榨油的方法以及桐油的用途。中国桐油无论在质量上或产量上都居世界第一。从公元十三世纪末意大利人马可·波罗在元代来中国后记述的《马可·波罗游记》中记载了有关中国桐油的报道："中国木油，可与石灰碎磨混合，填塞船缝。"海外才知道我国出产品质优良的干性成膜油料。

部分油脂最早期的文献及记载见表2-1。

表2-1　部分油脂最早期的文献记载

油脂名称	文献记载时间	朝代	作者	书名	内容
桐油	公元前771年	西周	—	诗经·国风	"椅桐梓漆，爰伐琴瑟"
茶油	公元前206年	西汉	—	山海经	"员木南方食也"
芝麻油	270年	魏晋	陈寿	三国志·魏志	"灌以麻油"
苏籽油	526年	南北朝	陶弘景	名医别录	"榨其子作油"
乌桕油	533年	南北朝	贾思勰	齐民要术	"乌桕树，收子取油"
大麻油	533年	南北朝	贾思勰	齐民要术	有大麻油记载
芜菁籽油	533年	南北朝	贾思勰	齐民要术	有芜菁籽油记载
菜籽油	659年	唐朝	苏敬	唐本草	用油菜籽榨油
亚麻仁油	1061年	北宋	苏颂	本草图经	"亦可榨油点灯"
蓖麻油	1061年	北宋	苏颂	本草图经	"可榨油燃灯"

续表

油脂名称	文献记载时间	朝代	作者	书名	内容
大豆油	1102 年	北宋	苏轼	物类相感志	"豆油煎豆腐，有味"
棉籽油	1621 年	明朝	王象晋	群芳谱	棉籽榨油可供食用
花生油	1765 年	清朝	赵学敏	本草纲目拾遗	用花生榨油
葵花籽油	1898 年	清朝	陈麻	江震物产表	"子堪榨油"

油坊拾遗

第三章

　　中国古代的制油业初成于唐，兴起于宋，成熟于明清。古代制油业的产生和发展是社会生产力的发展、农业生产水平的提高、手工业生产进步的必然产物。它是随着社会生产的发展而出现的新的手工业门类。油坊是在唐代出现的。"作坊"之名称，当初是手工业区的通用名称，由手工业区的通用名称渐渐转为手工业店铺之名称，于是称榨油工种的店铺为"油作坊"。以下从湖北省非物质文化遗产传承——杨家楼子湾老榨坊、山东省非物质文化遗产传承——"崔"字牌小磨香油两个油坊着手，管中窥豹，看看我国古代油坊的基本情况。

第一节 话 说 油 坊

过去，民间加工油料有土油坊。土法榨油的土油坊是手工操作的作坊，俗称油坊。人们把居于油坊，并兼包榨油活计的人称为油坊家或油包师，在人们的印象里，既有油坊，又有磨坊是家道好的人家。水磨和油坊紧相连，油坊离不开磨坊，磨坊为油坊加工油料，即把榨油的菜料、胡麻首先磨碎后，才能拿到油坊压榨出清油。

油坊的规模一般要比磨坊大，呈长方形，墙体用土夯筑起来，里面有六间土房，本着冷磨坊、热油坊的要求，为了有利于出油，保温性能要好。所以，油坊的窗户小而少，在榨油期间，油坊的门也是紧闭的。榨油时，把经过水磨磨细的油料，放到盛有水的大锅上，用油菜籽的菜秆等当作柴火，烧沸蒸熟油料。烧蒸油料的锅台与一土炕相连，很是实惠，油料蒸熟了，土炕煨热了，整个油坊内热烘烘的，油客和油坊主人坐在上面，聊天喝茶抽烟，十分惬意。

油坊内的基本设施主要有：在一靠角处有一泥锅台，上置一口平口大锅，锅台旁有打泥炕相连。大锅上置有抽屉状的木盖板，且木盖板上有若干个小孔用来烧蒸经过磨坊加工磨细的油料。在榨油操作处靠墙边设有一座井字形石磊，即在木栅栏内装有石头，固定油梁，油梁的另一头置有一对挖有十多个圆孔的偏柱，也叫"起杆"，用于上下起降。油梁一般长 5.5 米，直径 70 厘米左右，其枝干要直，带有双杈形的最好。在油梁下有一个油盘，边沿凿有细沟，供流淌油。油包师傅包油时，用马莲叶编成网状包的油绳数根，然后用木锨将蒸熟的油料装入编好的油包，系紧油绳，用木榔头将油料砸实，置于油梁一头的油盘之上，并用人力将起杆一孔一孔放至挤压的合适位置，用横担固定，这样经过杠杆之力压榨出油。一般经过三次烧蒸、压榨，油料所含之油榨尽了，成为油料饼，然后把油料饼（俗称麻渣或油渣）摊开，趁热打碎、晾晒，可用此肥田，增加地力，促进粮食增产，也可用麻渣喂养畜禽，促进畜牧业的发展。

农家的土油坊榨油的全过程都是手工操作，因此要求操作者有一定的体力，特别是在包油时，油料出锅冒着热气，要用木榔头敲打，动作要快，技艺要熟练。当压榨的油品沿着油盘细沟流入油缸，油客早已喜上眉梢了。新油榨出来后，都有尝新的习俗，人们在油坊里炸油饼、吃面片、吃油搅团（油面）和油泡馍。在磨油料时，人们还将磨细的油料揉成圆疙瘩，当作芥末用于调味。

土油坊一年开的时间短，一般就是秋末冬初的三个月，新的油菜籽收获后，都要榨成油品，以供食用。如今，原来的油坊已保存无几了，油料加工已被机械所代替，而土油坊榨出油的醇香仍留在人们的记忆中。

第二节　非物质文化遗产传承：杨家楼子湾老榨坊

　　武汉市盘龙城遗址博物馆筹建处在遗址周边展开文物普查工作时，发现一座保存完好、极具文物价值的老基址——杨家楼子湾古榨油坊基址。由于年久失修，古榨油坊基本废弃，仅存古榨油坊基址、结构图纸、榨油器具和一部保存百年的祖传家谱。

一、地理位置及历史沿革

　　古榨油坊位于武汉盘龙城经济开发区楚天大道北部约 1 千米，榨油坊分布于叶店村杨家楼子湾，湾前是一片开阔的平地，湾后是座大山，房屋建在坐北朝南的山脚下，榨屋紧邻湾东。杨家楼子湾有四百四十多年历史，由杨氏一世祖自江西过籍到黄陂，至今有 23 代。从六世祖到杨家楼子湾至今有 17 代。杨家楼子湾的一世祖俊杰公于明洪武二年（1369 年）从江西奉诏过迁到黄陂县南乡温家岗落业今杨家大湾。在明正德年间，约（1508 年）五世祖时兰公，自温家岗迁到黄花涝以漕运为生，后来经营谷物、油脂原料，因血吸虫和行船的风险大，改迁往杨家楼子湾，改行经营榨油行业，并开荒种地，从事农业生产，由于人口逐渐增多，居住环境改善，生活水平不断提高，于乾隆壬申年（1792 年）兴建杨氏支祠，一直保留至今。

　　杨家楼子湾从江西南昌府南昌县瓦屑墩迁至湖北汉阳府黄陂县南乡温家岗，又由温家岗迁至黄花涝，再由黄花涝迁至杨家楼子湾，经历了明朝、清朝、民国等社会阶段，又跨入了新中国。

二、古榨油坊历史遗址

　　2006 年上半年，盘龙城遗址博物馆筹建处对遗址周边及原址进行了现场考古，经勘探与调查，采集了大量残砖碎瓦、陶片和炼油后留下的油迹泥土等遗物。对古榨油坊现场保存完好的油缸、衡器、石碾等榨油器具和原址采集的土器物标本进行认真考证与鉴定后，从这些器物的形制、工艺、纹饰等方面的特征判定，该榨油坊在明代就已经存在，即使是从明崇祯十七年（1644 年）算起，距今也有 362 年历史。

　　翻开杨氏斑驳破旧的家谱，第一页画着杨家楼子湾的山形地貌，而在杨家楼子湾祖祠图中，则清楚地标着一个"古榨屋"的位置。从图上可以看到，这间古榨屋紧邻杨家的祠堂。据榨油坊主人杨德元介绍，本来像"榨屋"这种地方是不会出现在家谱上的，但榨油作为杨家世代的主业，意义非同寻常，所以这间榨油的工坊不但绘入家谱，而且毗邻祠堂，位置显赫。杨氏祖先从江西迁到黄陂县南乡温家岗（今杨家大湾），主要从事谷物、油脂原料等物品的贩运，迁到杨家楼子湾改行从事榨油和农业生产，继而世代相传至今。杨氏大约每60年修谱一次，截至目前共修谱6次，每次修谱都对榨油生产活动进行了详细记载。首次修谱于清顺治八年（1652年），距今354年。光绪三十四年（1908年）第5次修谱时，在杨家祠堂边还明显地标注了"榨油屋"的位置，说明榨油在当时为杨氏主业。同时还记载了杨家的麻油在清朝通过翰林院学士杨维纶（杨维纶为乾隆己卯科举人，嘉庆丙辰科进士钦赐翰林院检讨）送到皇室作为贡品，故可以断定杨家楼子湾榨油应该在1558年即已开始，距今448年；1652年左右已初具规模，距今354年；1908年已相当繁荣，距今98年。

三、以物易油的交易方式

在杨德元现在经营的榨屋里存放着他的传家之宝——一个铜口木制的量筒。量筒外壁上的刻度早已模糊，筒口上的铜边也磨出了当年榨油生意的兴旺，也反映出过去人做生意的老少无欺。

杨德元说："杨家榨油最大的特色就是'以物换物，买卖公平'。榨油生意极少涉及金钱，农户交出原料，然后按比例换油回去。以杨家的量筒为准，一般两筒半芝麻可以换一斤油，多换就多得。""养女不嫁杨家楼，白天种地，晚上榨油"，过去在黄陂盘龙城一带，这句俗语一度流传广泛，说的是杨家人工作的辛苦，却也间接说明杨家油坊在当地的知名度。

现在，杨德元继承了祖先留下的榨油坊，当年牛马拉的磨盘，已经变成了机器，当年木制的榨油业发展到今天，也从纯手工向机械化转变。唯一没有变化的是那种以料易油的传统，至今还在乡邻之间流行着。走进杨家，空气里飘散的油香，那是岁月积淀下的芳香。

杨家榨油以物易物的习俗就是这样一种传统。如果不是亲眼所见，不能相信这种从原始社会就开始的交换方式，在商品经济如此发达的今天仍然存在于我们的城市里。居民们不愿意去购买，宁可"以料换油"。这是一种诚信，更是一种传统。正是基于这样的传统，杨家的榨油业才能在机械化生产的今天存在下去。

杨家楼子湾榨油坊的历史最早可追溯到明嘉靖年间，而且是一直沿用人类最原始而"文明"——以物易物的交易方式，至今从未间断，代代相传，既有文字记载，又有实物"记载"。这在国内仅此一家，是一种奇迹。正是这种奇迹，说明聪明的杨氏家族与盘龙城有着不解之缘。

2006年湖北省武汉市政府将杨家楼子湾古榨油坊正式列为武汉市首批非物质文化遗产保护项目。为了更好地弘扬地方传统特色产品，加强对古文化生活的怀念，如今老榨油坊已更名为"寿康坊"食用油坊，为了加快保护非物质文化品牌，地方政府联营投资成立"武汉寿康食用油调料有限公司"，在武汉盘龙城经济开发区建设"寿康坊香麻油"生产基地。

第三节　非物质文化遗产传承："崔"字牌小磨香油

"崔"字牌小磨香油，是中国一份厚重的非物质文化遗产。瑞福公司生产的"崔"字牌小磨香油，追溯其历史，自明代初至今已历经六百多年的传奇。二百多年前，被郑板桥誉为"天下第一香"后就蜚声海内外。

一、"水代法"发明始末

传统技艺是"崔"字牌小磨香油的核心。非物质文化遗产中的"技"，表达的是技能、是工匠，是改造改善自然之物的力量和技术。"艺"表达的是法则，是秩序，是心智，是塑造应用之物的智慧和美术。"技艺"将实用价值与艺术价值、共性和个性有机地融为一体，它所遵循的工艺、材料、技巧、程序、塑造的器用，传承着人类宝贵的智慧、情感、规则和审美的种种感悟和成果，为我们展示了千姿百态的文化物品和文化品格，让我们体察到文化的丰富性和人类才智的无限性。

崔家小磨香油从明代由崔泽世（崔香油）发明问世以来，一直到清朝末期，不仅播香乡里，且一直以来都被列为宫廷贡品，专门用于御膳，誉满京都。直到今天，瑞福油脂股份有限公司董事长、"崔"字牌小磨香油第二十代传人崔瑞福秉承心脉，发扬光大，使"崔"字牌小磨香油香飘天下，其中的内核，便是崔氏一族在磨制小磨香油过程中所创造的不可替代的技艺和文化。

"闻着香，吃起来更健康"是社会公众对"崔"字牌小磨香油真实体验后的赞许。"崔"字牌小磨香油为什么会产生这样的消费效应？这要感谢六百年前发明"水代法"的香油始祖崔泽世，如图3-1所示。

崔泽世（1348—1432年），字济民，中国小磨香油的创始人。当时崔泽世制作香油用的是手拐动小石磨（俗名小拐磨子），直径在1市尺（约33厘米）左右，上、下总厚度8市寸（约26.7厘米）左右。崔泽世除了磨制香油，还有錾磨的技术。当时香油的制作工艺，是将芝麻淘洗干净后，放到锅里焙炒，芝麻炒至捻开呈棕红色、油亮状，并散发出一股浓香味便出锅，晾透后放到小石磨上，用手拐动，磨成酱坯盛到锅里，加入适量的开水，用木杠搅动，再用带杆的葫芦上下挤压，并不断地晃动锅架（用木料制的弧形木架，锅放在上

图 3 - 1　香油始祖崔泽世画像

面，晃动时的动作与木马跷跷板很相似），香油就浮出水面。最后用勺子把油撇出来，这便是当时磨制"小磨香油"的全过程，是香油史上最早的"崔氏水代法"。

　　崔泽世创立的基本制油工艺流程：芝麻→筛选→淘洗→炒籽→扬烟→磨酱→兑浆搅油→振荡分油→毛油处理→小磨香油，这对形成现代的"水代法"工艺奠定了最基本的技艺基础。

　　我国香油制作并非源于明朝，而是源自三国时代，当时我国劳动人民已掌握了用芝麻制油的技术。陈寿《三国志·魏志》记载："孙权至合肥新城，满笼驰往……折松为炬，灌以麻油，从上风，火烧贼攻具。"《北堂书钞》中的文字引用晋朝《博物志》云："外国有豆豉法，以苦酒浸豆，暴令极燥，以麻油蒸讫，复暴三过乃止。"这是芝麻油用于饮食的最早记录，距今已有一千六百多年了。南北朝时，香油已广泛地用于餐饮。到了唐宋年间，香油作为最上等的食用植物油应用得更加广泛。不过，从三国到南北朝，那时的香油制作是将芝麻籽用石臼法或木榨法生榨而成，而非"水代"工艺。"水代法"制作小磨香油的确是从明代崔氏家族开始的。

二、"水代法"技艺流程

　　"水代法"在油脂制取中是较为特殊的一种方法，其原理与压榨法、浸出法均不相同。此法是利用油料中非油成分对水和油的亲和力不同，以及油水之间的比重差，经过一系列工艺过程，将疏水性的油脂和亲水性的蛋白质、碳水化合物等分开。芝麻种子的细胞中除含有油分外，还含有蛋白质、磷脂等，它们相互结合成胶状物，经过炒籽，使可溶性蛋白质变性，成为不可溶性蛋白质。当加水于炒熟磨细的酱坯中时，经过适当的搅动，水逐步渗入到酱坯之中，油脂就被替代出来。

"水代法"小磨香油因受朝野和广大民众喜爱而得以历史延续。时至民国，崔家庄已有200多户人家，其中做香油、卖香油的已占半数，家庭香油小作坊布满全庄。祖传的生产工艺和方法没有改变，仍然是用石磨和水代法生产。当时磨制香油的设备工具虽然有了改进，但仍然比较简陋，只是将原来用手拐动的小石磨换成了直径为60~70厘米，上、下厚度为50厘米左右的较大的石磨，改人力推动为畜力拉动石磨转动，将原来口径较小的炒锅换成了口径较大的炒锅而已。

传统"水代法"磨制小磨香油的生产工序：先将芝麻淘洗干净，除去泥沙、杂质及瘪粒，倒入烧制的大红泥盆（或大铁锅）中，搅拌后稍微浸泡，用笊篱漂出瘪粒及漂在上面的杂质，再将浸泡淘洗好的芝麻捞出放入底部有一个淋水孔的大红泥盆中，让芝麻中的水慢慢漏尽再堆闷一会儿，即可上锅焙炒。炒芝麻宜用平底锅，翻芝麻用的是耙子，一头装有耙头，似元宝形状；一头装有手把，用手推动手把，耙头就在锅底部来回运动使芝麻不断地翻动均匀。炒芝麻用的锅灶是一个连锅灶，前边的锅炒芝麻，后边的锅烧水，水烧开后以备兑浆用。芝麻炒至外表黄褐色，捻开呈棕红色即可出锅。出锅后的芝麻立刻风晾降温，即用大簸箕将炒出的芝麻从高处徐徐流入一个大筐箩内，再用大簸箕扇出芝麻灰碎屑。

反复风晾降温后，趁酥趁热倒入石磨中，磨成酱状的油坯，从磨盘流到磨下面的一口大锅内，40千克芝麻的油坯为一作。磨下的油坯够一作后，即可兑入开水，这称作兑浆。

兑浆后，用木杠搅拌，按一定比例分4~5次由多渐少兑浆，一边兑浆，一边不停地搅拌，直至香油浮出水面，见油后，再用装有木杆的葫芦上下挤压，这叫墩油。在墩油的同时，不断地晃动油锅底下的木制锅架，形状按锅底的弧度，两头翘起，每端有两个抬锅用的把手，油锅也随之前后晃动，这叫晃油。一面墩，一面晃，兑好浆的油坯受到外力的作用，利用水比油重的原理，使水与酱渣结合尽快沉入底部，把香油代换出来。大部分香油代换出来后，用起油葫芦（用铁皮焊制的圆形葫芦，焊有铁把，葫芦上部开有进油孔，一葫芦约1千克，也可用勺子、舀子）将香油起出，这叫撇油。再反复墩、晃，反复撇油，直至将香油全部撇净为止。

三、"水代法"小磨香油

人类制取香油的历史悠久，最早是从原始时代曝晒芝麻籽榨取油脂开始的，经历了人力机具榨油（木榨、石榨或撞榨、杠杆榨）、间歇式水压机榨油、连续螺旋榨油机榨油以至现代的预榨浸出或一次直接浸出法制油等历史阶段。世界上用芝麻取油的方式主要有水代法、机榨法、浸出法三种。水代法制取小磨香油与机榨法、浸出法制取香油的方法，以及产品的特点和食用均有显著差异。

（一）制取技艺不同

水代法小磨香油是芝麻直接经火焙炒后用小石磨研磨、加水代出而成的香油产品。此法主要是利用油料中非油成分对油和水的亲和力差异，并利用油水相对密度不同而将油脂与糖类、纤维素、蛋白质、磷脂等亲水成分分离，制取油脂。此工艺温度低，无高温高压过程，所以会最大限度地保留芝麻油中独特的营养成分；机榨法制取香油是将经焙炒后的芝麻，采用机器进行压榨取油而成的香油产品。此法主要借助高温、高压的作用使油脂从油料中挤压出来。这种过程属于物理变化。在制取过程中，由于受水分、温度和压力的影响，也会产生某些生物化学方面的变化，如蛋白质变性、酶的活性受到抑制或破坏、某些营养成分被破坏、流失；浸出法制取芝麻油是应用萃取原理，选用某种能溶解油脂的有机溶剂，使油料中油脂被萃取出来的制油方法，所得产品不纯不能称作香油。

历史是在比较中向前发展的，随着世界人民对营养需求意识的再度觉醒，人们认识到，由于香油本身所固有的特殊香味及营养特性，任何脱离自然的机械压榨法所榨取的香油，都难以达到芝麻油的浓香和保留其完整的营养素。相比之下，水代法制取的香油质量上佳，这也是瑞福公司时至今日仍坚持用"小磨水代法"制取香油的原因所在。

（二）风味不同

小磨香油口感爽滑，香气浓郁持久不逸，且具有红宝石般的色泽，令人神往。机制香油则口感发黏，发腻，用于其他食品生产，其焦煳味会影响产品的风味。

由于小磨香油的制取工艺最大限度地保留了其营养成分，特别是具有抗氧化作用的芝麻酚和维生素 E 等，所以其保质期长，香味持久。机制香油由于受高温高压的影响，具有抗氧化作用的芝麻酚等成分损失较多，与小磨香油相比，其保质期较短、香味欠佳，且不能持久。

"崔"字牌小磨香油有其传统的、独具特色的传承技艺。"崔"字技艺的最重要特征就是它的"共识",不管时代如何变迁,环境如何变化,"崔"字技艺的本质内涵没有变,六百年不变的石磨,六百年递增的质量,六百年美好的口味,六百年丰富的营养,获得了社会公众对"崔"字牌小磨香油恒久的赞誉。香留人间,世代相传,六百年来流传的是一致的认同和口碑。

清朝乾隆年间,被称作"扬州八怪"之一的郑板桥刚任山东潍县知县时,曾有一段"闻香赋诗"的故事。郑板桥清晨有登楼望远的习惯。一天,郑板桥很早就起床更衣,由衙役陪侍登上他的"吟诗楼"。早上的空气特别清新,伴随着一缕轻轻拂面的晨风,郑大人闻到一阵浓郁扑鼻的香味,深吸一口,沁人心脾,极目远眺,却辨不清香味从何而来。他问身边的衙役道:"何味甚香也?"衙役答道:"城西十五里有个崔家庄,家家户户磨香油。今天刮西风,那里的香味随风而来。听老辈人讲,他们的祖传工艺有四五百年了!"郑大人点了点头,深深地陶醉于此香味中,自言自语道:"香,此乃'天下第一香也'!"继而随口吟诵出一首七言绝句:

十里郊野满城香,举目远眺圩水长。

神工鬼磨五百载,正宗芳味崔家庄。

生活用油

第四章

　　古人已经广泛使用动植物油脂来满足生活中的各种需求。人们用油脂烹饪美食，获得健康与营养；制作脂烛照明驱走黑暗，设计巧妙的灯具可以减少室内油烟；油脂作为护肤美容的化妆品，备受人们喜爱；涂料印染、皮革加脂、以油制墨、油漆油伞……古人的生活用油主要集中在食品、照明、化妆品、染织制革、油墨书画等方面。

第一节　油　香　烹　饪

千百年来，油脂作为生活必需品世代相传。油脂应用于烹饪技艺中，使食物及菜肴在色、香、味、形、口感上达到了相当完美的程度。纵观中国饮食文化史，其中记载了许多油脂在饮食和烹调中的重要性，说明油脂是人类生存不可缺少的食物之一。

提到烹饪，就会想到煎炒烹炸都离不开油，但是，在我国，直至宋代，百科全书般的《太平御览》中竟还没有膳食用"油"的明确记载。该书"饮食部"第二十二卷题为"脂膏油"，在所收的 13 条关于油的史料中，除一两条用于烹饪以外，都是用于点灯或战争中的火攻。清代万卷《古今图书集成》中的"油部"记事 33 条，明确为食用的也只有两三条。这可能是由于中国历史典籍详于政治礼教而略于社会生活的缘故，但中国烹饪用油出现得确实较晚。

《不列颠百科全书》说："从有文字记载的时候起，人们便从植物中提取油点灯、做涂料和用于烹饪。"然而在饮食文化无比发达的中国，植物油的运用，却是烹饪史上的一大谜团。一方面它有极重要的地位，另一方面自古极少记载，因此至今缺乏专门研究。

《太平御览》把油跟脂膏一起归于饮食部，烹饪史料表明中国人先用脂后用油，脂油之间有很长的过渡时期，两者的界限不很清楚，因此有必要首先作概念与名称的辨析。

在西方语言中"油"的定义是动物、植物、矿物中原生的可燃性液体，但在中国却原本特指植物油。最早"油"字的本意与油无关，《说文解字》解释为河流名称。油的最早用途非饮食方面，见于史籍的，如《隋书·炀帝纪》提到避雨用的"油衣"，用的是桐油；点灯应是更早的用途，但却找不到可靠记载。唐代韩愈在《进学解》中形容照明说"焚膏油以继晷"，膏、油并提。在烹饪技法中，较稀的膏、油比易凝的脂更有长处，其使用日渐普遍。用膏的时期很长，追溯名称的演进过程，是：脂、膏并立→"膏"包含脂油并立→"膏"包含油→"油"包含膏、脂。

肉类中含有脂肪，现在也称为油脂。用火烤肉，油脂滴入火中时，西方人注意的只是其与石油无别的可燃性。中国人则不同，上古时代已因"人民众多，禽兽不足"，《白虎通》记载人被迫从肉食改为粒食，因而发展了烹煮致熟的技法以代替烤法。粗散的燕粟饭需要肉羹帮助下咽。当水被熬干时，煮肉的鼎镬中自然有脂膏析出。由于其高效的润滑功能，脂膏本身就成为最早的珍馐佳肴，最早如《礼记·内则》谈到老人的饮食须用，"脂膏以膏之"。人们发现肉类在水已耗干的条件下继续适度加热，其析出的脂膏还能大大改善肉味。但在先秦丰富的烹饪史料中，极少有烹调运用油脂以创制或改进肴馔风味的正面记载，只有《礼记·内则》篇"八珍"之一的做法中提到用膏油煎乳猪（"煎猪膏"）。同篇还提到不同肉料与脂膏的交叉搭配，例如说春季宜用牛油配羊羔乳猪，秋季宜用猪油配小牛小鹿，具体技法则不得而知。汉代郑玄注《周礼·庖人》说，禽兽肉"用休废之脂膏煎和膳之"，并不强调味的改善。

由于肉料日益匮乏，在用菜填充的过程中，发现肉类及脂膏都可以跟蔬菜（含调料）互相作用而产生美味，动物油脂便自然成为中国烹饪中作为特殊热介质的重要材料。脂类因为易凝，不如膏类更适合作热介质，所以膏类最早成为烹饪材料，并带来新的烹饪技法。较早的记载多见于南北朝时期的《齐民要术》中。例如"臭肉"做法是"肉熟水气尽，更以向（'向'意为先前）所炒肪脂膏煮肉……令脂没肉"。脂膏也开始用于主食类的加工，例如"饼法"记载"细环饼"要"以蜜调水溲面，牛羊脂膏亦得（也可）"，《齐民要术》还记载了猪油的提取法，说煮肉时"以勺接取浮脂，别著瓮中……炼白如坷雪，可以供余用者"，所谓余用可能包括点灯，因为同时记载的大量烹饪技法中，绝大多数还是用水或豉汁烹煮肉料。

通过仔细地辨析，可以从《齐民要术》的记载中看出烹饪技法从用脂膏到用植物油的过渡情况。书中提到用油，多数称为"膏油"，例如"裹蒸生鱼"的做法要"膏油涂着，十字裹之"，又如一种名为"膏环"的糕点的做法是用"膏油煮之"，如果用膏用油皆可，而名称中用"膏"，便道出其做法经历了先用膏、后用油的演进。"炰菌"的做法是"肉缶者，不须用苏油"；"炰瓜"（烧冬瓜）的做法是"偏宜猪肉，肥羊肉亦佳"。书中原注说"无肉，以苏油代之"，这反映了第一阶段，人们认识到瓜菜烹饪中用油的必要，但这种经验是从动物油开始的，植物油的苏油还是代用品。第二阶段，植物油的地位提高到与动物油大致平等，例如"炙猪法"记载"取新猪膏极白净者，若无新猪膏，净麻油亦得"。强调猪油要新、要极白，表明烹饪技法进一步讲究，所以对植物油也有了严格要求。从先前味恶的苏籽油提高到纯净的芝麻油（后世的香油）。第三阶段，以植物油取代脂膏。例如佳肴"膏煎紫菜"的做法是"以燥菜下油中煎之"，明确说只用"油"，但菜肴名称却叫"'膏'煎"，可见这一菜肴先前用膏，由于烹饪技艺的进步，发现用植物油的效果要优于用猪油。统观《齐民要术》中的烹饪技法，大多数是顺势用肉类加热中析出的脂膏，少数是特别外加脂膏，或代以植物油，极少专门外加植物油。由此可以推断，南北朝时期是从动物油过渡到植物油的初始阶段。

美食和食用油无法分开看待，不同的油能够烹饪出不同美食。

在美食中，油温几成通常被称为"几成热"，每成热约为30℃，经过工业精制的油，基本都能达到200℃，满足中餐一般的使用。

一、菜籽油

《舌尖上的中国（二）》里面用的菜油是徽州木榨。我国是菜籽油最大的生产国和消费国。油菜主要分夏播和冬播，以夏播芥菜为主流的称为芥花籽油，学名称作低芥酸菜籽油，其不饱和脂肪酸含量很高，但是它也是菜籽油。花生油和菜籽油、芝麻油类似，具有独特的香味，油品好，不饱和脂肪酸高，用于煎炸食品也是非常好的。

四川辣椒红油必须用菜籽油炸或者花生油炸。有名的郫县豆瓣，使用的基本上也是菜籽油。四川火锅红油一半是菜籽油（清油火锅），一半是牛油制作（牛油火锅，也有称老油的）。《舌尖上的中国》中说徽州臭豆腐要用菜油才好吃。菜籽油用来炒青菜，可以使青菜更加美味，好吃的菜包子里几乎都是菜油。由于菜籽油烟点高，油炸也是不错的选择。江浙沪名小吃萝卜丝饼基本不选用豆油而是用菜籽油炸。

二、棕榈油

一般来说棕榈油主要是用于煎炸食品，比如方便面。

棕榈油饱和脂肪酸含量高，煎炸性能稳定，含有一定的天然活性成分，贮存时间长，但是凝固点较高，在我国秋冬季常温下棕榈油就呈固体状态。其烟点高，可达到235℃。棕榈油是生产效率最高的油类，同样单位面积生产的油是大豆的九倍，作为油料作物目前产量是全球第二。

棕榈油虽不像其他植物油常出现在厨房，但在方便面、快餐、烘焙等食品工业占有一席之地。凭其氧化稳定性高、耐煎炸等特性，常被用来代替动物油，没有胆固醇的烦恼。

同时，棕榈油富含维生素E、辅酶Q_{10}、β－胡萝卜素等。尽管这些组分的含量不到总油脂组分含量的1%，但它们对棕榈油的稳定性及质量却起着至关重要的作用，尤其是胡萝卜素和维生素E，这些组分使得棕榈油具有抗氧化等健康特性。

三、大豆油

大豆油是全球产量第一的油，因为转基因争议颇多。主要产区为巴西和美国。我国自产的大豆，提炼出的大豆油不足以完全满足我国的食用油市场需要。老的大豆油有股豆腥味，但精炼调配后的大豆油基本没有什么特别的味道。我国北方大部分餐厅都是使用四级豆油。

大豆油主要以人体必需脂肪酸亚油酸为主（50%～60%），而且 α-亚麻酸含量是 5%～9%（目前推崇食用的"明星脂肪酸"），除了亚麻籽油和紫苏籽油这些以 α-亚麻酸为主的植物油，大豆油也算是 α-亚麻酸的不错来源。

大豆油中特有的微量营养素很多，磷脂、胡萝卜素、维生素 E、甾醇等。在豆油的加工过程中，有些特有的营养素如磷脂因为炒菜时会形成黑色物质，所以会在精炼环节去除，但天然抗氧化剂维生素 E 却被很好地保留，以保证大豆油良好的氧化稳定性。

四、葵花籽油

葵花籽油用法和大豆油类似，不过葵花籽油含有其独特的清香气，有些斋菜会为了香气而采用葵花籽油。而在菜肴制作的时候，炒荤菜一般使用豆油。凯撒沙拉酱、蛋黄酱则是采用葵花籽油，但是也有用味道温和的橄榄油替代的。

五、猪油

猪油是中餐标准油之一，又分板油、肥膘、背油。

出于对口感的要求，很多中餐必须用猪油做，比如清炒虾仁，因为白，肉质鲜美比海虾更好。又或者炒蔬菜、蒸鱼、油爆虾、点白粥，都是十分美味。并且中国的许多点心都需用猪油起酥，尤其是大饼，猪油、葱、面粉的搭配十分和谐。很多专做炸物的店，油炸用油都要加入猪油，一般占三成比例，以有效增加香味，炸出来的东西色泽金黄口感酥脆。但猪油比例不能太高，否则冷了会很油腻。很多面条、馄饨汤都要加入猪油才好吃。日本人特别推崇背油，拉面汤里要混入猪油才能白白地煮到乳化，特别浓郁。

六、芝麻油

芝麻是人类最早栽培的油料植物。四千年前人类就开始种芝麻了，我国则是东汉开始种植。芝麻油又分冷压、大槽、小磨香油。

芝麻油味道香，但不耐热，其香味成分受热易分解和挥发，故不适用于炒菜，多用于凉拌。粤菜有"麻油包尾"的讲法。就是上桌前在锅里加入麻油达到增香、增润的作用。一般其他菜系勾芡菜也要出锅加香油。

有味者使之出，无味者使之入。荤油炒素，素油炒荤，相得益彰。动物油配海鲜，增加丰腴的味道。同种油炒同种菜，例如菜油炒油菜、豆油煎豆腐都是这样，蒸饭煮粥时放点米糠油也是绝佳选择。同种油炒同种菜让食者觉得味道浓郁又浑然天成。

第二节 油灯照明

中国上下五千年的文化历程中，油灯一直伴随着我们。

光是一种神奇的东西，它每天出现在我们身边，照亮我们，但有时却让人们触摸不到，捉摸不透。然而这不妨碍人们探寻它们，人类一直走在探索光明的路上。渐渐地，人们知道利用一些办法获得光，于是灯就出现了，它的存在让我们不必再受黑夜的侵蚀，为我们点亮了前进道路，让黑夜变得不那么恐怖。在光与影的世界里，经过人类不断地探索和创新，灯渐渐成为光明和艺术的完美结合体。

照明经历了从火、油到电的发展历程，同样照明方式也经历过无数的变革，从最开始的火把照明到利用动物的油脂点燃照明，再到后来的使用煤油的工业制品的照明工具，最后到了人类发展史的巅峰，使用电来制造光。也就出现了我们熟知的热辐射光源、气体放电光源以及当代最流行的固体发光技术。

在漫漫的人类照明史上，油和油灯的地位无法取代。原始人类恐惧黑暗，寻找光明，他们把在植物油或动物油中浸泡过的碎布捆在棍子的一头以制造长时间燃烧光源——火把。浸透在碎布里的油产生了一种令古人惊叹而在如今被称为毛细现象的奇妙作用——液体渗透进了纤维或是绳子里微小的区域而升高。其后人类照明史上进一步衍生出了油灯不可或缺的部分——灯芯。油与照明的历史是人类文明发展史的缩影，是一部人类不断地克服自然困难追寻光明的历史，更是一部工艺和科技的进步史。

一、油灯简史

独立生火的生活方式让人类掌握了光与热。火不仅让人类告别饮血茹毛的野蛮时代，更能吞噬黑暗，带来光明和温暖。原始人把松脂或脂肪类的东西涂在树枝上，绑在一起，做成了照明用的火把，成为人类创造历史上真正意义上的第一盏"灯"。在以后相当长的一段时间内，人类一直都使用油脂作为灯的主要燃料，只不过油脂的种类变得多种多样，将油盛放在固定的容器中，加入灯芯点燃，这就是油灯的雏形。油灯照明是人类历史上非常重要的一部分，经过了多次改进，油灯用油从动物油改为植物油，最后又被工业煤油取代。灯芯也经历了草、棉线、多股棉线等的变化过程。为了防止风把火吹灭，人们给油灯加上了罩子，最初的油灯就这样成型了。早期的灯罩是用纸糊的，容易发生危险，后来改成玻璃罩。这样的油灯不怕风吹，在户外也照样使用，并且燃烧非常充分。

公元前三世纪，人们用蜂蜡做成的蜡烛出现了，到了十八世纪，改进用石蜡制作蜡烛，并且使用机器量产。十九世纪中叶人们发明了煤气灯，使人类的照明技术水平向前迈进了一大步。但是最初这种灯很不安全，室内使用容易发生危险，因此只当做路灯使用。当时人们普遍使用的照明工具是煤油灯。

中国作为源远流长的文明古国，油灯的技术和文化也是独具特色的，其发展和演变经历了一个相当长的时期。据史料记载，油灯出现在黄帝时期，《周礼》中也有专门生火或照明的官员。原始的灯作为照明的工具，实际上只要有盛燃料的容器，加上油和灯芯就能实现最基本的功用。而具有一定造型的灯出现，则是人们将实用和艺术结合的成果。

中国的油灯就使用的燃料而言，分膏灯和烛灯，即后世所言的油灯和烛台；就功用而言，分实用灯（照明用）和礼仪灯（宗教仪式用）；就形式而言，分座灯（台灯、壁灯和台壁两用灯）、行灯和座行两用灯三种。

实用的油灯在设计时一般会考虑到具体的用途，充分考虑到实用性，常见的有吊式、座式、挂式和座挂两用这四种，为了便于移动和行走，有的在座式油灯的某一部位增加一便于手拿的部件，就成了具有座、行两种用途的油灯。这种多功能的设计在民间油灯中比较多见。吊灯分为两种，一种是专门的吊灯，不作其他用途，基本上固定在特定的位置之上，一般吊在建筑的横梁上；另一种是将行灯挂在灯钩上，临时作吊灯用。

从春秋战国至两汉，油灯高度发展起来了，已经和其他器物一样，成为特定时代的礼器，"兰膏明烛，华镫错些"，折射了当时人工照明的盛况。这一时期的代表作有河北平山三汲出土的战国银首人形灯和十五枝灯；广州南越王墓出土的西汉龙形灯；河北满城出土的西汉长信宫灯、羊形灯和当户灯；广西梧州大塘出土的西汉羽人灯；江苏邗江甘泉山出土的牛形灯；湖南长沙发现的东汉卧人形吊灯；山西襄汾县出土的东汉雁鱼灯，如图4－1所示。

图4－1　东汉雁鱼灯

油灯的变化是伴随着油脂的发展而改变的。《三秦记》记载："秦始皇墓中燃烧鲸鱼膏为灯。"西汉的《淮南万毕术》记载："取蚖脂为灯。"西汉（公元前179—公元8年）《淮南子·原道》与《西京杂记》出现"膏烛"名词，表明当时人们直接用液态油类燃烧为光源。鲸油作为照明用的材料历史应该比较久，煤气则是在产煤工业大发展之后开始使用的。

鲸油是从鲸的身体组织里提取的可燃液体，在捕鲸业大发展的前提下，鲸油应用极为广泛，并且价格较低，方便存储和使用。后来欧洲开始工业革命，采煤行业大规模发展，煤气出现了，但是并没有完全取代鲸油。

到东汉明帝（28—75年）以后，佛教传入中国，佛堂上的灯烛使用植物油，这就增加了植物油在照明方面的需要量，社会的需求大大促进了植物油的发展。

魏晋南北朝时期，随着青瓷技术的成熟，青瓷灯开始取代了青铜灯。由于青瓷灯造价低廉易于普及，具有一定造型和装饰的油灯开始被民间广为使用。又由于青瓷的技术特点，一种与之相应的造型和装饰也随之出现。这一时期的代表作有南京清凉山吴墓出土的三国青瓷熊灯；浙江瑞安出土的东晋青瓷牛形灯；山西太原出土的北齐瓷灯；此后直至隋末唐初的白瓷蟠龙灯及唐三彩狮子莲花灯。新材质不断运用到油灯的制作中，铜、铁、锡、银、玉、石、木、玻璃等，品种繁多。

唐代经济高度发达，实用兼装饰或纯装饰性质的灯开始大量出现在宫廷和灯节之中，像灯笼、灯轮、灯树、灯楼、灯婢、走马灯、松脂灯、孔明灯、风灯等。这些新奇独特的油灯或灯俗烘托了那个时代盛世，成为流传千古的佳话。

宋代的油灯延续着盛世的辉煌，"每一瓦陇中皆置莲灯一盏""向晚灯烛荧煌，上下映照"。由于陶瓷业的发达，各个窑口都有各具特色的陶瓷油灯。"书灯勿用铜盏，惟瓷质最省油"，始于唐代的省油灯到宋代则广为流行，"蜀中有夹瓷盏，注水于盏唇窍中，可省油之一半"（陆游《斋居纪事》），而辽代的"摩羯灯"则表现出少数民族地区的民族特色。据北宋大臣、天文学家苏颂（1020—1101年）撰写的《本草图经》记载：油菜"出油胜诸子，油入蔬清香，造烛甚明，点灯光亮……"本草注："服胡麻油，须生笮者，其蒸炒作者，正可供食及然尔。"并且记载有："蓖麻子……可榨油燃灯。"

到明清时青花和粉彩油灯逐渐成为新的油灯潮流，此后油灯的发展下接外来的洋油灯，1637年明代《天工开物》记载更为详细："燃灯则柏仁内水油为上，芸苔次之，亚麻子次之，棉花子次之，胡麻次之（燃灯最易竭），桐油与柏混油为下。造烛则柏皮油为上，蓖麻子次之。"直至电灯的出现，一个有着几千年历史的灯文化，在二十世纪随着外来的洋油灯和电灯的出现，翻开了新的一页。

（一）中国油灯演变过程

在中国的历史长河中，也出现了不少体现中华民族智慧和创意的油灯。中国最早的油灯始见于战国，从北京故宫博物院所藏油灯来看，不仅结构比较完善，而且造型也很优美。在它以前，灯的发明和演变已经有了一个相当长的时期。"瓦豆谓之镫"揭示了灯的形制最早是从豆演变而来这一历史事实。晋代郭璞注《尔雅·释器》"瓦豆谓之镫"云："即膏镫也。"在郭璞看来，人们最早是借用盛大羹的瓦豆（镫）等一些食器皿来点燃照明的。基于这一观点，有些专家曾推测中国国家博物馆以前陈列中，原始社会部分的浙江吴兴丘城出土的那件陶盂是一盏最早的陶灯。由此可以认为，由于战国以前用来照明的用具和用来盛物的陶盂、陶豆等形状区别不大，人们往往混为一谈。特别是陶豆自新石器时代晚期开始，直至战国，尽管它在形制上随着时代的发展有所变化，但它的基本构造是相同的，即是一种浅盘，内底平坦，有高柄的器皿。从战国、两汉时期的墓葬中出土的各种陶、铜、玉和铁质豆形灯的造型来看，它们和同时代的陶豆并无明显区别。这类豆形灯也称为陶豆灯，如图4-2所示。随着时间的推移，在其平坦的浅盘中央逐渐出现了凸起的乳头状，这种变化可能就是豆向镫的演变。

图4-2　陶豆灯

从见于发表的战国时期的油灯来看，这一时期的油灯以青铜质的为主体，数量有数十件。主要出自河南洛阳、三门峡，河北平山、易县，四川成都、涪陵（今属重庆市），山东临淄，湖北江陵和北京等地的一些战国中晚期贵族墓中，多为贵族实用器。陶质灯见于发掘报告的主要有湖南长沙黄土岭魏家大堆战国墓和广西平乐银山战国墓等地，其他地方虽有发现，因与传统的陶豆无异，往往被当作陶豆，并没归于灯类。这类灯应为下层社会所用，因其无法与华美的青铜灯（如图4-3所示）相

图4-3　青铜灯

比，再加上很难从陶豆中区别出来，这类灯虽然数量不少，但并没有引起考古工作者重视。玉质灯仅见北京故宫博物院一件，为传世品，从其精美造型来看，也应是上层社会的实用器具。

战国时期的油灯造型除了个别多枝灯外，大致可分为人俑灯和仿日用器形灯两大类。多枝灯（又称树形灯）实物较为少见，最具代表性的是河北平山县中山王陵墓出土的一件十五连枝灯（如图4-4所示），形制如同一棵繁茂的大树，支撑着十五个灯盏，灯盏错落有致，枝上饰有游龙、鸣鸟、玩猴等，情态各异，妙趣横生。

人俑灯是战国时期青铜灯最具代表性的器物。河北省平山县出土的银首人俑灯（如图4-5所示），湖北省江陵望山出土的人骑驼铜灯（如图4-6所示），山东省诸城发现的铜人擎双灯（如图4-7所示），河南省三门峡上村岭出土的踞坐人漆绘铜灯（如图4-8所示），这些灯的人俑形象有男有女，多为身份卑微的当地人形象。持灯方式有站立两臂张开，举灯过顶；有的踞坐，两手前伸，托灯在前。一俑所持灯盘从一至三个不等。灯盘有圆环凹槽形和盘形两种形制，前者有三个支钎，后者多为一个支钎。

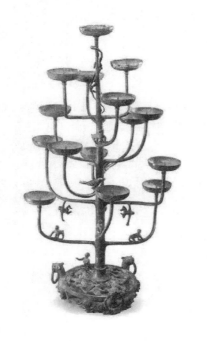

图4-4 十五连枝灯

图4-5 银首人俑灯

图 4-6　人骑驼铜灯

图 4-7　铜人擎双灯

　　仿日用器形灯基本上是一些生活实用器皿的演变，主要为仿豆、鼎和簋等较为常见的器皿，以豆形陶灯居多，但也有一些仿鼎和簋形制的青铜灯。在豆形类灯中，北京故宫博物院的勾莲纹青玉灯应是突出代表，浅盘，细葫芦形或近葫芦形的把，喇叭口形底座。鼎形灯以1974年甘肃平凉庙庄七号战国墓出土的一件铜鼎形灯为代表，全器由身、盖键、耳几部分组成。身呈鼎形，下有三蹄足，双附耳，耳上侧有键槽，两侧穿孔，中贯铁柱。双键一端销于耳上，键中部弯曲成半圆，合之成圆环，扣住顶托，其两端上翘各为半圆，可合为上小下大的圆柱体。盖坝中心有一托，两侧两鸭头旋向状，盖反转，中心有锥尖凸起。上盖后，放下双键，旋动盖间双鸭头部即紧扣锁上，将鼎盖

图 4-8　跽坐人漆绘铜灯

封闭，便为一鼎形。打开时，先旋盖，使鸭头离开双键，然后开键启盖，将双键顶端合拢后，盖孔扦入键顶，即成一灯。

　　秦朝的油灯，出土实物不多，但从一些文献记载中也可见其大貌。《西京杂记》卷三云："高祖初入咸阳宫，周行库府。金玉珍宝，不可称言，其尤惊异者，有青玉五枝灯，高七尺五寸，下作蟠螭，以口衔灯，灯燃，鳞甲皆动，焕炳若列星而盈室焉。"这说明秦代铸造的灯也是极其华丽的。出土实物中具有

代表性的是 1966 年在陕西省咸阳塔儿坡出土的两件相同的雁足灯（如图 4 - 9 所示），形制为一大雁之腿，股部托住一环形灯盘，上有三个灯柱，可同时点燃三支烛。

关于战国至秦朝时期的照明使用的燃料，由于出土实物的限制，目前还不能确定，从文献资料结合灯盘的中间都有尖状烛插来看，应是前文所述的一种可以置立的易燃"烛"。对当时"烛"的制作和材料，贾公彦疏："以苇为中心，以布缠之，饴蜜灌之，若今蜡烛。"据此我们可知，当时所谓的"烛"，一开始不过是一种由易燃的苇一类的细草或含油质较高的松和竹等的细树枝束成的火把而已。后来可能是人们在长期煮食牛、猪等动物过程中，逐渐发现了这些动物油脂的易燃和耐燃性，便把这些动物油脂收集在诸如豆、鼎和簋等一类的容器中，在用"烛"照明前将其外层沾涂上这些油脂，或在"烛"外层用布一类的东西缠绕后，再往里灌入油脂，可使灯亮得更为长久。这可能就是"兰膏明烛，华镫错些"的由来。如甘肃平凉庙出土的鼎形灯中，出土时鼎内就盛有泥状油脂。在《史记·秦始皇本纪》中也有秦始皇入葬"以人鱼膏为烛，度不灭者久之"的记载。

图 4 - 9　雁足灯

两汉时期，我国的油灯制造工艺有了新发展，对战国和秦的油灯既有继承，又有创新。由于两汉盛行"事死如生，事亡如存"的丧葬观念，作为日常生活中的油灯也成了随葬品中的常见之物。众多出土实物表明，这一时期的油灯不仅数量显著增多，而且无论材质或是种类都有新的发展，这说明油灯的使用已经相当普及了。从质地看，在青铜油灯继续盛行的同时，陶质油灯以新的姿态逐渐成为主流之外，还新出现了铁灯和石灯。从造型上看，除人俑灯和仿日用器形灯之外，新出现了动物形象灯。从功用上看，除原有的座灯外，又出现了行灯和吊灯。

如同战国时期的青铜油灯，两汉时期的青铜油灯主要以出土于河北满城陵山中山靖王刘胜及其妻窦绾墓为代表，分布在河北满城、江苏南京、山东临淄、广西梧州、湖南长沙、山西、河南等地两汉王族大墓中，多为实用器和宗庙用器。这些青铜油灯从器型上可分为人俑灯、兽形灯和器形灯三大类。另外，战国时期的多枝灯在两汉也是常见的种类。从用途上可分为座灯、行灯和吊灯。青铜座灯与战国时相比，最大的变化是出现了以长信宫灯为代表的一批带烟道式座灯，这类油灯由灯盘、灯罩、灯盖、烟道和多作灯座的收集烟灰的器体等几部分组成。灯盘供点燃灯火，盘中大多都有烛扦，应是插置烛体所用。灯罩由可以移动的弧形屏板构成，既可挡风，又可随意调整灯光强弱和照射方向。灯盖可起到遮挡灯烟外溢的作用，让烟灰随烟道进入器体。收集烟灰的器体可贮存清水，来溶解收进的烟灰。由于全器各部分既有机结合在一体，又可以拆卸，也利于经常清除灯内的积灰。这类油灯可称得上是最早的保洁灯。行灯是一种没有底座和立柱，只在灯盘下设三矮足，而在灯盘一侧装有扁錾的器形灯，也有人称之为拈灯（如图 4 – 10 所示），拈与行用意相近，都是说它可以行动中持之照明。山东、河北、河南和湖广等地都有这类灯的出土。吊灯是一种用来悬挂的油灯，这类灯发现较少，主要集中在湖南、江西两地，以长沙出土的人形吊灯为代表，由灯盘、"人体"和悬链三部分组成。圆盘中有一烛扦，旁有一输油口与"人体"相通。"人"双掌前伸捧起灯盘，"人体"中空背部设盖用来集取灯液，在"人体"的双肩、臀部设三环钮，与三条活链相结，系于一圆盖上，盖顶立一凤鸟，其上用于悬挂活链。整座器物造型新奇，重心平稳。

图 4 – 10　拈灯

两汉时期的陶质灯多出土于中小型两汉墓中，范围较广，主要是中下阶层为先人做的随葬明器。其造型以多枝灯和俑形灯为主。多枝灯以河南洛阳涧西出土的一件十三枝陶灯最具有代表性，此灯由上下两部分组成，上部的底为一大圆形灯盘，盘中蹲一龟，龟上竖圆柱形灯柱，柱上分两级各伸四根曲枝以承托灯盏，灯盘上亦立有各承一灯盏的四根曲枝，灯柱顶端放置一朱雀形圆灯盏。在灯柱、曲枝、灯盏和盘沿上，有羽人、龙、蝉以及花叶等立体雕饰。下部是一大喇叭状的圆足灯座，外形似群峰环抱的山峦，自下而上分层堆塑各种形象的人和动物。对这种有多种装饰的多枝灯，人们称之为陶百花灯（如图4－11所示）。俑形灯以河南灵宝张湾的东汉墓出土的一件俑顶灯为代表，下为一蹲坐抱子陶俑，一只高筒状灯盏立在俑的头顶，这类陶灯在河南济源、灵宝等地汉墓中有出土，河南、上海、安徽等地博物馆都有收藏。

　　两汉时期，铁质油灯的出现与当时冶铁技术的进步及铁器的普遍运用密不可分。但就全国来看，铁质油灯发现得并不多。河南洛阳烧沟一座东汉墓出土的一件铁灯（如图4－12所示），高达73厘米，下部有一圆形底座，中间有一灯柱，沿柱向四外伸出三排灯枝，每排四枝，共十二枝，每枝枝头都有一圆形灯盏，在灯柱顶上站立一展翅欲飞的瑞鸟，可作为当时铁质油灯的代表。

图4－11　陶百花灯

图4－12　十二枝铁灯

　　就两汉照明燃料来看，虽与战国时期的照明燃料相比没有质的变化，但在对油脂的使用上却出现了较大变化，具体表现在出现了加捻来照明的油灯。魏晋以前，我国传统的古灯，不论采取何种外形，就点灯的方式，即灯蕊（炷）和灯盘（盏）的关系而言，都是"盏中立炷式"。以两汉最常见的豆形灯为例，其圆形灯盘正中，常有一枚支钉，又称"烛扦"，根据它的有无，人们将灯分为油灯和烛灯两大类。其实在汉代除单独点的烛以外，油灯的灯炷也叫烛。更确切地说，前者叫縻烛或麻烛，后者包括灯在内的整体叫膏烛。縻烛、麻烛是将麻去皮后的麻秸缚成束点燃照明，膏烛的灯炷也是由麻秸等分成束而成，但比麻烛的束要细小得多。由于作为油灯的灯炷的烛，本身就是灯的组成部分，所以有些铜灯在铭文中把烛灯连为一词。对灯和烛关系叙述最清楚的是桓谭，他在《新论·祛蔽篇》说："余后与刘伯师夜燃脂火坐语，灯中脂索而炷燋秃，将灭息……伯师曰：灯烛尽，当益其脂，易其烛……余应曰：人既禀形体而立，犹彼持灯一烛……恶则绝伤，犹火之随脂烛多少长短为迟速矣。"这里说的燃脂火为点油灯即膏烛。"持灯一烛"指的是用麻秸做的烛灯即麻烛，它一般插在灯盘中的支钉上，沂南与河南邓县长冢店画像石及山西省大同司马金龙墓所出漆屏风上刻画的灯，灯火皆立在灯盘当中，即是"盏中立烛式"之灯的真实写照。然而云南昭通桂家院子东汉墓出土的一件铜灯，在灯盘内残存的灯炷是用数根细竹条缠在一起做成的。不过火炷除呈支钉形外，还有的做管形，将灯炷插入内，也可立于盏中。当然，如果将麻秸束成下粗上细之状，不用火炷，似亦可直接立在灯盘中，若干汉代铜灯中未见火炷，或许就是这种做法的反映。

上述各种灯内无论燃脂、燃油或燃蜡，灯炷大都是用麻秸等硬纤维做的，所以能直插在火炷上。当时也有用软纤维做的灯炷，软炷立不起来，本不合乎"盏中立炷式"的要求。但在此法盛行期间，并不像后世那样，将软质灯炷搭在盏唇上，使灯火在灯盘的口沿处燃烧，而是在灯盘中央立一小圆台，将软炷架在台上点燃。自战国以迄隋代，都能见到这种油灯的实例。

至于两汉照明所用的油脂成分，从河北满城一号汉墓出土的卧羊尊灯腹腔内残留有白色沉积物的化验结果来看，其含有油脂成分，说明此灯使用凝固点较低的动物油之类的油质燃料。烛灯中遗留的残烛，报道较为明确的有满城一号墓出土的一件带盖直筒杯形的卮锭中所存的烛块。经中国科学院化学研究所用红外光谱法分析鉴定，残烛块和牛油相似，属动物脂类。云南省昭通桂家院子东汉墓出土的一件行灯，灯盘里残存一些烛渣和一小段燃烧过的烛芯。烛芯是用八九根细竹条外面缠上一层约 3 毫米厚的细纤维物质做成的，尖端略为收缩，圆径约 1.4 厘米。估计当时就是以这种烛芯浸于油内，待渗透饱和后再在外面挂上动物油脂，这可能是后来蜡烛的前身，在我国东汉以前，照明用的脂膏多为动物的脂膏。

魏晋南北朝至宋元时期，灯烛在作为照明用具的同时，也逐渐成为祭祀和喜庆等活动不可缺少的必备用品。在唐宋两代绘画，特别是壁画中，常见有侍女捧烛台或烛台正点燃蜡烛的场面。在宋元的一些砖室墓中，也常发现在墓室壁上砌出灯擎。

这一时期油灯在材质上的最大变化是，青铜油灯走向末端，陶瓷油灯尤其是瓷灯已成为油灯中的主体。汉代始见的石灯，随着石雕工艺的发展，也开始流行，另外铁质、玉质油灯和木质烛台也有出土。由于材质改变，这一时期油灯在造型上发生了较大变化，盏座分离、盏中无烛托已成为油灯最基本的形制，多枝灯已很难见到。从整体造型来看，这一时期油灯可分为以下几种类型。

其一是带有承盘形座的，这类灯又可分为两种，一种是上有圆盘形灯盏的，如南京出土的一件三国时期青瓷熊灯，熊蹲在承盘内，用头顶着灯盏。河南安阳隋代张盛墓出土的一件青瓷灯，灯座为浅盘，盘中心有圆柱，柱上托一莲花形小盘，盘中心有穿捻用的短管作灯头。另一种是有两层承盘，盘中心有穿捻用的短管作灯头，上有一圆柱体，既可直接插入烛把，又可承托小型灯盏。这种灯以隋唐时期瓷灯和三彩灯居多，由于它具有插置烛把和承托灯盏两重性，故这类灯又多称灯台或烛台。如湖南博物院所藏的一件隋黄釉烛台，由三部分组成，下部是一带高足的圆盘，中部为一空心柱，上部为一带有承盘的圆柱体。

其二，汉代陶质筒状形油灯在这一时期已有了新的发展，人物器座大为减少，动物器座逐渐增多，并出现了一座托举一排二至三个筒形灯盏的情况。如1974 年浙江绍兴市上蒋黄瓜山出土的一件黄釉狮形灯（如图 4 - 13 所示），在蹲伏的狮子背上所托的一长方形板上，并排设有三个高筒形灯盏，从当时一些羊形烛座头部所设的一圆形洞口插置烛把来看，这些筒形灯盏除燃油脂外，也可作为烛台手插置烛把，故也有人称之为烛台。

图 4 - 13　黄釉狮形灯

其三，与汉代的一些卧羊铜灯（如图 4 - 14 所示）和豆形灯相对应，这一时期出现了不少以卧羊、狮为造型的烛台和圈足宽沿瓷灯。如浙江余姚市文物委员会所藏一件越窑卧羊烛座，在羊头正中设置了一圆形洞用来插置烛把。1963 年河南鹤壁集窑出土的一件白釉黑彩瓷灯（如图 4 - 15 所示），直口，宽平沿，平底，下有喇叭状圈足。

图 4 – 14　卧羊铜灯

图 4 – 15　白釉黑彩瓷灯

其四，用单体的碗、盘和钵用作灯盏和烛托现象逐渐增多，并以宋代较为普遍。如在苏州文物商店所藏的一件南朝羽人青铜灯架，在羽人的胸前和两膝前各有一灯圈，这应是为承托单体碗和盘形灯盏所置。河南安阳张盛墓出土的一组仆侍女俑群中，就有一手托一烛盘的女俑。到了宋元时期，这类灯盏更多，特别是一些砖室墓的墓室壁上砌出的灯擎上，所托的灯盏也多是一件小瓷碗或瓷钵，显然这些碗或钵就是作为点燃灯盏用的。由此推之，在宋代民间有可能是大量采用小碗或小钵作灯盏的。在这种单体碗、碟类灯盏基础上，宋代还出现了一种省油灯，这种灯通常称为夹瓷灯或清凉盏。陆游《斋居纪事》云："书灯勿用铜盏，惟瓷盏最省。蜀有夹瓷盏，注水于盏唇窍中，可省油之半。"关于省油情况，以前因仅见文献记载，无实物作证，人们往往怀疑它的存在。1999年北京市文物研究所三峡考古队在三峡库区的涪陵石沱墓地发掘出土一盏省油灯，这盏省油灯初看与普遍油盏一样，但它的碟壁是一个中空的夹层，碟壁侧面有一个小圆嘴，用来向夹层中注水，这正与陆游所述基本一致。这类省油灯由于在烧制过程中，陶瓷的膨胀系数不好掌握，因而不像碟形灯那样普遍。

与两汉时相比，这一时期用作照明所用的燃料发生了重大变化，我国历史上所用的照明材料除现代的电外，都已在宋元时期出现。除以前的动物油脂外，植物油和蜡烛已成为主要照明材料，用石油当作照明燃料也已出现。

文献中最早提到蜡烛是在晋代，这一时期虽已出现蜡烛，但还仅限于贵族阶层，而且多以块状出现，使用时要使其加热熔化，与后来加芯直接点燃的细长形蜡烛有很大差别。灯内之蜡是熔化后作为油膏使用的，并不是制成细柱状的蜡烛。这种铜灯为蜡灯，不能叫烛台。中国蜡烛的原料有黄蜡、白蜡等。黄蜡是蜂蜡，是由工蜂腹部蜡腺分泌出来的一种蜡，是构成蜂巢的主要成分。它呈黄色固体状，具有比重轻、熔点高和不溶于水的特点，适于点燃。蜂蜡的利用要比白蜡早。

从文献资料分析，东汉时人们已经开始使用蜂蜡，但它的使用量和范围都有局限。白蜡是白蜡虫分泌的蜡。由于白蜡比黄蜡更具凝固性和易燃性，因此白蜡的利用起自唐代，但从隋代河南安阳张盛墓已出现细长形蜡烛模型来看，人们应在唐代以前已掌握了用白蜡制作蜡烛的技术，长条形蜡烛在唐代一些墓室中的壁画上也常有反映。

明清两代是中国古代油灯发展最辉煌的时期，最突出的表现是油灯和烛台的质地和种类更加丰富多彩。在质地上除原有的金属、陶瓷、玉石油灯和烛台外，又出现了玻璃和珐琅等新材料的油灯。种类繁多和花样不断翻新的宫灯的兴起，更开辟了我国油灯史上的新天地。

宫灯，顾名思义是皇宫中用的灯，主要是指以细木为骨架镶以绢纱和玻璃，并在外绘各种图案的彩绘灯。清朝内务府下设造办处的宫廷专门制灯作坊出现前，在宫外采购和地方贡献是宫灯的主要来源，即使在宫廷专门制灯作坊设置后，也有大量油灯是采购而来。宫灯又反过来间接流入了民间，在一定程度上影响着民间油灯的发展。宫灯基本上代表了明清两代油灯的最高水平。从质地看，宫灯主要是用细木为框架，雕刻花纹，或以雕漆为架，镶以纱绢、玻璃或玻璃丝。纱绢灯最早可溯源于南朝宋武帝时在元宵节上出现的葛丝灯笼，历经千余年发展，明清时，随着制绢业的发展和相关工艺改进，纱绢灯无论在造型和工艺上都有了突破。玻璃灯又称料丝灯，最初出现在云南。宫灯在形制上除圆形外，常见的还有六角形、八角形，也有十二角形。一般分上下两层，上大下小，很像中国建筑中的亭子。宫灯的骨架，由近百块大小不同并刻有花纹的木片黏合而成。灯顶雕龙凤等图案，灯的各面大都绘有精致的山水、人物、花鸟、虫鱼、博古、文玩以及戏剧故事等图画，每角上都悬挂各种色彩的缕穗，灯底坠红黄流苏。因此宫灯除照明外，已成为精美的工艺品。宫灯里照明燃料全是蜡烛。从用途来看，宫灯可分为供桌上使用的桌灯、庭院使用的牛角明灯、墙壁悬挂的壁灯、宫殿内悬挂彩灯、供结婚使用的喜字灯和供祝寿使用的寿字灯等。宫灯作为我国手工业制作的特种工艺品，在世界上享有盛名。根据不同用途而设计出各种各样的造型，不仅与我国古代建筑形式极为协调，而且在今天的一些豪华殿堂和住宅里也能发现宫灯造型装饰。

烛台是明清两代剧院、饭店等公开场所的常用之物，明清时宫殿照明都用蜡烛，故除宫灯外，烛台也是主要的照明用器。明清宫廷烛台从质地上可分瓷、珐琅、玻璃、金银、玉石和硬木等各种材料。在用途上可分庙堂供器和室内用器两类，并多以成对形式出现。前者形体较大，以庙堂五供形式出现为多，后者多为桌上用的小型蜡台。从造型上看，主要有带喇叭形座或覆式高足碗座的圆盘式和八角形器座八角盘式两种。在一些珐琅和金银制品中也有人物和动物擎烛盘形。无论哪种类型的烛台基本上都由底座（有些底盘座上往往带有一大盘）、立柱和带较长烛扦的烛盘三部分组成。

明清两代的照明燃料更加丰富，石油和植物油的利用更为普遍。除陕北一带外，在西南也出现了用石油燃灯的事例，并对榨油用具和方法进行了详细表述：把洁净的柏籽整个放入饭甑里蒸煮，蒸好后倒入臼内舂捣。臼约一尺五寸深，碓身是用石块制造的，不用铁嘴，只要采取深山中坚实而细滑的石块琢制。经舂捣使柏籽核外包裹的蜡质层全部脱落，把蜡质层筛掉放在盘里再蒸，然后包裹后再舂榨。柏籽外面的蜡质层脱落后，里面核子就是黑籽实，用一座不怕火烧的冷滑小石磨，周围堆满烧红的炭火烘热，将黑色籽实逐把投入快磨，磨破以后，就用风力吹掉黑壳，剩下的全是白色的仁。将这种仁碾碎上蒸之后，用前面的方法包裹入榨，榨出的叫"水油"，清亮无比，盛入小灯盏中，用一根灯芯草就可点到天明，其他的清油都比不上它。以燃酥油而得名的酥油灯，更是植物油燃灯的重要例证。

明清照明燃料最重要的成就是大量植物油成为制蜡原料，使蜡烛逐渐成为了主要照明燃料。特别是宫廷，更是把蜡烛作为主要照明燃料，宫灯和烛台基本上用的都是蜡烛。我国制蜡虽然可上溯到魏晋时期，但长期以来，由于蜡的取材面很窄，蜡和蜡烛的使用也仅局限在极少数特权阶层。到了明清时期，人们在长期总结制蜡和用蜡中的经验，使蜡烛的取材更为丰富，随着大量植物油成为制造蜡烛的原料，蜡烛也逐渐走向了中下层社会。对于用植物油制蜡烛的方法和用器，明代宋应星在《天工开物》中也有详细介绍，用皮油制造蜡烛的方法是：将苦竹筒破成两半，在水里煮胀（否则会带皮油）后，加上小竹篾箍固定，用尖嘴铁杓装油灌入筒中，再把烛芯插进去，便成一根蜡烛。过一会儿待蜡烛冻结后，顺筒捋脱篾箍，打开竹筒，将烛取出。另一种方法是把小木棒削成蜡烛的模型，裁一张纸，卷在上面做成纸筒。然后将皮油灌入纸筒，也就结成一根蜡烛。这种蜡烛无论风吹尘盖，经过冷天和热天，都不会变坏。而且对不同植物油在制作中的优劣也有评议"造烛则柏皮油为上，蓖麻子次之，柏混油每斤入白蜡冻结次之，冬青子油又次之。北土广用牛油，则为下矣"。在清代，造蜡工艺得到了进一步改进，特别是宫廷所用蜡烛，除根据场合和用途不同有大小之分外，许多蜡烛表层还装饰有以盘龙和云龙为主的彩色花纹。蜡烛本身已成为一种工艺品。

（二）省油灯

"不是省油的灯"这句俗语，已广泛流行于我国文学作品、影视作品、声像作品、口语之中，且是全国东西南北中十分通行，使用频率很高，使用面很广的俗语。其含义也畅晓明白，尽人皆知。如指某人"不是省油的灯"，褒者，意指精明，干练，有根底，有来头，主意多，智慧高；此语大多情况下含贬义，暗指某人精于心计，奸狡圆滑，老谋深算，不好对付，不甘寂寞，从不吃亏，惯于损人利己等。

"不是省油的灯"一语创源于何时暂不知晓，但来源于唐代邛窑创造发明的省油灯（如图4-16所示），确是非常明显、毋庸置疑的。省油灯源于南宋著名诗人陆游所写《老学庵笔记》。陆游客居四川的时候，曾担任邛州天台山崇道观的主管，所吟诗歌中，涉及邛崃的达22首之多，对邛窑省油灯耳闻目睹，可以说是再熟悉不过了。因此，陆游对省油灯的描述不仅真实可信，而且，"省油灯"的光辉也就透过陆游声播远扬的名气，撒向了全国各地。正是由于陆游的推崇和宣传，邛窑"省油灯"的制作工艺才得以传播到全国，而使各地瓷窑竞相仿制。当"省油灯"在全国民众中普遍得到认同时，人们从此有了"省油灯"和"不省油的灯"的概念。

图4-16　省油灯

还有一种说法是：据吴敬梓的《儒林外史》所载，古代有个严监生，为计较油灯的灯草多点了一根，临终前总不得断气，还把手从被单里拿出来，伸着两个指头。众人莫解，夫人赵氏看到后，走上前道："爷，只有我能知道你的心事。你是为那灯盏里点的是两茎灯草，不放心，恐费了油。我如今挑掉一茎就是了。"说罢，忙走去挑掉一茎。众人看严监生，点了点头，顿时就没了气。小小油灯，入木三分地映衬出一个守财奴的吝啬心理。作者的生花妙笔、敏捷才思，皆因有盏幽幽油灯。

二、国宝油灯

（一）长信宫灯简介

西汉长信宫灯（如图 4－17 所示）是汉代青铜鎏金油灯之一，公元前 172 年铸造。1968 年出土于河北省满城县中山靖王刘胜之妻窦绾墓。宫灯灯体为一通体鎏金、双手执灯跽坐的宫女，神态恬静优雅。灯体通高 48 厘米，重 15.85 千克。长信宫灯设计十分巧妙，宫女一手执灯，另一手袖似在挡风，实为虹管，用以吸收油烟，既防止了空气污染，又有审美价值。现藏河北省博物馆。

长信宫灯通体鎏金，作宫女跪坐执灯形象。宫女梳髻覆帼，着深衣，跣足。由头部、身躯、右臂、灯座、灯盘、灯罩等部分组成。各部分可拆卸，灯盘可转动。灯罩可开合。宫女体臂中空，右臂为烟道，可将灯烟导入器内，以保持室内清洁。灯上刻铭文九处，内容包括灯的重量、容量、铸造时间和所有者等。因刻有"长信尚浴"字样，故名"长信宫灯"。

图 4－17　西汉长信宫灯

据考证，此灯原为西汉阳信侯刘揭所有。刘揭文帝时受封，景帝时被削爵，家产及此灯被朝廷没收，归皇太后居所长信宫使用。后来皇太后窦氏又将此物赐予本族裔亲窦绾。此灯作为宫廷和王府的专用品、礼品，可见它在当时也是很珍贵的。

（二）长信宫灯的原理

宫灯部分的灯盘分上下两部分，刻有"阳信家"铭文，可以转动以调整灯光的方向，嵌于灯盘沟槽上的弧形瓦状铜版可以调整出光口开口的大小来控制灯光的亮度。右手与下垂的衣袖罩于铜灯顶部。宫女铜像体内中空，其中空的右臂与衣袖形成铜灯灯罩，可以自由开合。

燃烧的气体灰尘可以通过宫女的右臂沉积于宫女体内，不会大量散逸到周围环境中。灯罩上方部分残留有少量蜡状残留物，推测宫灯内燃烧的的物质是动物脂肪或蜡烛。宫灯表面没有过多的修饰物与复杂的花纹，在同时代的宫廷用具中显得较为朴素。宫女体内中空，左手执灯，右衣袖似在挡风，实为吸收烟炱（由烟凝集成的黑灰）的虹管。点灯后，烟炱通过其右臂形成的虹管进入体腔内，可以保持室内环境的清洁。

由环保角度来分析，青铜油灯中绝大多数是燃油灯，当时的燃料主要是动物油脂，而且油脂和灯芯同在一个灯盘里面。虽然点灯时灯盘里面的油脂沿着灯芯慢慢上升到火焰里，但是仍然会有一些没完全燃烧的炭粒和燃烧后留下来的灰烬，随着油面的上升和热气流挥发，造成室内烟雾到处弥漫，污染室内空气和环境。汉代的青铜油灯中，有一些在设计上就解决了如何消烟除尘、防止环境污染等问题，长信宫灯也是如此。油灯上装有导烟管，体腔为中空，用以装清水。当灯盘中的灯火点燃时，烟尘通过灯罩上方的灯盖被吸入导烟管，再由导烟管使烟尘融于体腔内的清水，从而防止了灯烟污染空气，保持室内环境的清洁。这是汉代油灯在功能方面最先进的发明创造，在世界油灯史上也处于领先的地位。

（三）长信宫灯的价值

长信宫灯一改以往青铜器皿的神秘厚重，整个造型及装饰风格都显得舒展自如、轻巧华丽，是一件既实用、又美观的油灯珍品。宫女铜像体内中空，其中空的右臂与衣袖形成铜灯灯罩，可以自由开合，燃烧产生的灰尘可以通过宫女的右臂沉积于宫女体内，不会大量飘散到周围环境中，其环保理念体现了古代中国人民的智慧，长信宫灯被誉为"中华第一灯"。

长信宫灯一直被认为是中国工艺美术品中的巅峰之作和民族工艺的重要代表而广受赞誉。这不仅在于其独一无二、稀有珍贵，更在于它精美绝伦的制作工艺和巧妙独特的艺术构思。采取分别铸造，然后合成一整体的方法。考古学和冶金史的研究专家公认，此灯设计之精巧，制作工艺水平之高，在汉代宫灯中首屈一指。长信宫灯在1993年被鉴定为国宝级文物。

三、陶瓷油灯

早在新石器时代，我国智慧而勤劳的祖先就已经开始掌握和使用陶器的技术制作并生产了大量的陶器制品。继陶器的发展之后，到了商代开始烧制瓷器。可以说陶瓷的发展是源于生活，同时人们的生活方式又引领了陶瓷的发展。

中国瓷器是华夏民族以自己勤劳的双手和聪慧的才智所创造的东方文化，有着源远流长的历史、巧夺天工的技艺、光滑绚丽的外观、多彩缤纷的款式，名扬全球，不仅丰富了中华文化，更是世界上不可多得的艺术瑰宝。从远古时期的泥质陶、夹砂陶、彩陶到青瓷，从唐三彩到宋元明清各种陶瓷彩绘，陶瓷作为一门古老的生活艺术，在自身演变的历史过程中，也传达了人类文化的演变轨迹。同样是泥土，同样是借助火的媒介，却因为不同的地方特色，不同的生活习惯，不同的历史背景，呈现出了不同的装饰、釉色和造型，记载了中国历史的源远流长、中国文化的博大精深和劳动人民的无穷智慧。陶瓷的艺术结晶体现在其造型、工艺、材质和装饰等方面，是艺术和科技多元的结合，艺术创作和精密设计之后的陶瓷具有物质和精神层面的双重属性。电力时代之前，主要有油灯和烛台两种灯具，分别出现在不同生产时期和不同时代。油灯在我国陶瓷灯具中占主导地位，早期是动物油灯，接着出现了燃烧率更高的植物油灯，后来蜡烛才得到普及和推广，汉代出现很多豆型灯，被称为"蜡烛豆"。早期的陶瓷灯即由油灯演变而来。

油灯是一种照明工具，主要由灯柱、油盏和承盘三部分组成。东汉明器有灰陶、釉陶制品。1958 年出土于南京清凉山吴墓的青瓷熊灯，是三国时期吴国制作的。熊坐在底盘上，头顶灯盘，双臂护在头两侧，有着熊特有的憨态，十分有趣，承盘底刻有铭文"甘露元年五月造"。由此可见，此时的工匠走出了青瓷器制造的初期阶段，把熟练的技术和艺术个性结合起来，生产出了极具意趣的佳作。魏晋南北朝时期，青瓷灯开始流行，人们广为使用。

隋末唐初有白瓷蟠龙灯及唐三彩狮子莲花灯，新材质不断运用到油灯的制作中，如铜、铁、锡、银、玉、石、木、玻璃等，而且品种繁多。但唐代四川邛窑生产的省油灯，构思巧妙，闻名于世。由于陶瓷业的发达，宋代各个窑口都有各具特色的陶瓷油灯。到明清之际，青花和粉彩油灯成为新的时髦，明代"书灯"陪伴了无数的书生，"万古分明看简册，一生照耀付文章"。此后出现舶来品——洋油灯，然后是电灯的出现，一个有着几千年技术文明的油灯历史终结于二十世纪。

第三节 妆 容 用 油

化妆作为美容的方法，古已有之，它是一种历史悠久的美容技术。从史前时代开始，人类就已经开始化妆，在当时化妆的大都是男人，所使用的颜料大多提取于大自然中的动植物，且已经懂得了挤植物汁液涂在皮肤上保养。人类学家推断得出一个结论：即化妆是人类与生俱来的自然行为。

一、化妆源始

化妆具有悠久的历史。古时的人们为了驱魔祛邪，显示自己的身份和地位，多会在其面部和身体涂上各种颜色的油彩，以象征自己为神的化身，这便是最初的化妆，而当时"化妆"这个术语还未产生。古代化妆的人多为贵族女子，化妆时有婢女相助，一般要花上一两个时辰，而民间女子则只有在出嫁时才精心化妆一番。

化妆的主要目的是增加天然美，因此适当的化妆不仅能使女性信心增强、精神焕发，还有助于其消除疲劳、延缓衰老。早在远古时代，人们已懂得使用各种物品装扮自己，在我国各地的出土文物中就有大量用动物骨头制作的项链以及用金属制成的镜子等。我国山顶洞人凭借自己对天然珠宝最原始的审美感觉，已经开始使用石珠或狐、鹿等动物的牙齿进行雕刻，样式十分精美。由此可见，人类祖先的爱美之心激发出的化妆，在历史的长河中逐渐被赋予了装饰的意义。

二、美妆用油

在四千多年以前，就产生了化妆品。古埃及人很早就知道如何用腮红结合孔雀石的粉末做成眼影。传说眼影本来的目的是除虫防病，由于活跃于社交界的贵妇，为了在约会时眼睛能呈射出迷人的色彩，流行起了涂蓝色眼影粉的风潮，后来眼影也逐渐演变成了化妆品。可见最初的化妆品除了有美容的作用，还具有实用的效果。而欧洲人则是在十八世纪以后才开始使用化妆品，并以法国为中心。

早在几千年前，我们的祖先就将大自然的矿物，有色土壤，植物的叶、花、果，动物的骨、羽、毛等做成色彩缤纷的装饰品来打扮自己。我国女子的化妆品历史，最早可追溯到两千多年前的春秋战国时期。春秋战国时期，《韩非子》中有"故善毛嫱，西施之美，无益吾面，用脂泽粉黛，则倍其初"的描述，说明人们对化妆品已开始研究。汉代以后，女子化妆开始普遍，化妆品也随之有所发展。

贾思勰所撰《齐民要术》记载：制作的润发油，采用"合香泽法……用胡麻油两分，猪脂一分，内铜铛中，即之浸香酒和之。煎数沸后，便缓火微煎，然后下所浸香，煎。缓火至暮，水尽沸定，乃熟。泽欲熟时，下少许清蒿以发色。"这样用芝麻油、猪油同浸香酒煎沸，做成了润发油。宋应星所著《天工开物》一书中记载："其为油也，发得之而泽。"意为：用芝麻油做成的润发油，头发抹上它就光亮。

《毛诗注疏》中所说："兰，香草也，汉宫中种之可著粉中"，这说明当时不仅研制出化妆用的粉，而且有了专门用于生产的颜料，有了专门从事制作化妆品的人。晋朝张华在《博物志》中有"封烧铅作粉"用以涂面美容的记载，可见那时已有"化妆品"了，唐朝白居易的"青篦点眉……"等诗句则证实了唐代以前就有用白粉、胭脂红妆翠眉来掩饰容颜瑕疵的做法。

到了清代，宫廷中所用的各种化妆品门类已比较齐全，除了去垢、芳香的传统功用以外，还挖掘出滋养肌肤、抗皮肤衰老的中草药型化妆品。

在每个时代化妆都会推出新的潮流，今天化妆品已经成为现代女性生活的必需品，因此更加成为我们生活中必不可少的重要内容之一。

第四节　染织制革

一、涂料印染

丝绸用朱砂加工染色（以下简称"朱染"），是中国古代一种特殊的涂染着色技术。其着色机理不同于使用水溶性有机染料，它是把研磨得极细腻的矿物颜料——朱砂粉末与某种天然黏合剂共混，调制成色浆，再对织物做染着处理。干燥后，黏合剂凝固，便把颜料颗粒均匀地黏着在织物纤维上，使织物覆盖上一层威重鲜明的朱红颜色，达到预定的染色效果。这种加工方法，历史上也笼统地称之染色，为了与植物性染料的"草染"方法相区别，故又称之为"石染"法。若以现代印染工业标准分类定名，应列入"涂料印染"工艺系统中。

朱染织物的考古发现，早见于1924—1925年蒙古诺因乌拉出土的汉代遗物中。当时运到苏联列宁格勒，保存于俄罗斯博物馆人文部。展出后曾引起考古界极大的关注。保存与修复这批织物的工作转到了考古工艺学院，由 M. B. 法尔马考夫斯基教授主持，他是一位富有经验的专家，在他的著作中曾写下了一些有关汉代朱染织物引人入胜的情况。他说，在修复、研究埋藏了两千年之久的出土丝绸期间，曾遇到了一种非常薄的丝质绢网，被染成鲜红的颜色。经反复研究，才断定这种染色是朱砂。至于朱砂是用什么方法染到织物上的，当时仍然无法回答。到1930年，在中国河北怀安五鹿充墓，又有一批汉代刺绣织物出土，内中绣花用的丝缕是用朱砂涂染着色的。随着二十世纪七十年代初发现增多，时代从殷周战国直到两汉，其数量、品种不断扩大。朱砂着色不仅用于染刺绣丝线，也用于织锦染经，还用于绘花、印花，以及对整幅整匹的罗、绢浸涂染色。尤其1972年长沙马王堆一号汉墓大量完好朱染织物的出土，1982年江陵马山一号楚墓朱锦、朱绣织物的出土，更是开阔了我们的眼界，提供了观察、分析朱染技术的极好条件。使我们对于古代的朱染工艺有了一些新的认识。这里仅将马王堆汉墓的实物择要列举如下。

朱染罗织物成幅的实物有两种（编号354-1，354-2），定名为朱红菱纹罗绮。幅宽均为48厘米，两者可能是同一匹织物的裁块。色调凝重，呈深红色，保存比较完整。成件的衣物有朱红罗绮绵袍一件（编号329-8），朱红罗绮手套一副（编号443-3）。这两件实物形制完好，朱染色调鲜明，质地手感柔爽。在内棺中，也得到朱红罗绮残片若干（编号N-17），颜色更为艳丽，但丝质已经非常脆弱，朱砂粉粒也容易脱落，可能是棺液中的汞造成的。

颜料的研磨加工方法，历史更为久远。史前时期用于颜料制备的研磨工具在考古发掘中屡有发现，而以近年在安阳殷墟妇好墓出土研磨朱砂用的一套玉杵臼是最具代表性的。此臼质硬、容量大，并有使用方式留下的痕迹。其研磨原理类同现代"胶体研磨技术"。首先把粗磨成粉状的朱砂加水与胶料调成稠厚糊状，置于臼中，研磨时不必加压（仅靠杵锤自重），手持杵柄上端，作水平圆周摇转，使杵颈靠在臼口循环滑行，杵颈与臼口已磨得光亮如镜，杵头则在臼案中以切力与适度压力进行朱浆研磨。由于胶体的悬浮作用，染料颗粒在杵臼间隙中相互碰撞（不是靠杵臼死碾），经过相当长时间的反复加工，可获得2微米以下的颗粒细度。依据这件文物进行估计，宋代《营造法式》和明代《天工开物》所详细记述的工艺，以及现今高级国画颜料制造工艺还在应用的"飞澄淘跌"一整套研磨分等加工方法，很可能早在商代之前便已形成。长期以来，社会上层使用朱砂的范围在日趋扩大。无论甲骨、玉雕、盟书、印玺、漆画、彩绘，以及人身妆饰、葬仪饰终、方士炼丹，特别是服章制度的画绘衣、裳，种种方面无不用到朱砂，必然积累起丰富的技术经验，这为朱染织物的颜料加工准备好了条件。

涂料染色的关键就是黏合剂问题。在天然材料中，中国的漆工艺自古闻名，就目前所知，至少在先商时期便有了油漆加工遗物出土。到战国时期，已达到精湛无比的地步，而有关胶、漆、桐油及其调和材料相互作用的知识，也相应地得到发展提高。就制胶而言，《周礼·考工记》就记载有各类皮、骨、角等动物胶六种，对于它们的性状、使用季节、规程，以及与某些材料的相关情况（如对胶丝漆）都有描述。从文献中看，这一时期产生了不少有关胶漆的成语、诗句和典故。诸如"胶柱鼓瑟""亲于胶漆""调怡胶丝""阿胶一寸不能止黄河之浊""皮革煮为胶兮，曲糵化为酒""以胶投漆中，谁能别离此"等，可以看出，胶漆应用的普遍性与多样化。在出土文物方面，用油漆加工的丝织物，则有漆纱、漆鲕之属。值得特别注意的是在1957年，长沙左家塘楚墓出土的矩纹锦残片，锦面上盖有朱色印记。虽稍欠完整却印色浓重，附着也很牢固。后来，又在江陵马山一号楚墓织物上发现有小的印纹印记。这是目前所见中国较早的印泥印记了。表明这种朱砂印泥中，已经使用了某种半干性油（或经加工预聚了的不干性油）作黏合剂了。同时根据朱砂喜油恶漆的调色特色，可以认为，汉代朱染织物色浆中的黏合剂，除了各种胶类之外，使用干性油（比如熟桐油等）的可能性是很大的。

从现代印染学所记录的资料来看，"涂料印染"工艺早期所用的黏合剂主要是卵蛋白和动物胶，产品的耐摩擦、耐水洗牢度都很低，其历史不过距今四百年左右。但考古学近半个世纪所提供的资料，却大大突破了上述记录。其上限一直提前到殷商时代的末期，兴盛流行的发端也可以划到西周中叶，而在大约一世纪前后渐趋衰落。在距今两千年前，朱染织物便有了一千六七百年的历史沿革，创造出了一个名贵的丝绸品种和高超的涂料印染技术。也许由于原材料的昂贵，加工技术复杂、独特，使用范围与生产亦有种种限制（如由官工场专营）。故方法在民间不传，终于湮没。

二、皮革加脂

中国最早的鞋饰是用兽皮制成的。皮革与鞋饰起源于旧石器时代，人类在与大自然的搏斗中，不仅懂得用兽皮披在身上御寒，而且已经能够用兽皮来保护脚了。这就是最初的中国"鞋饰"——一种用小皮条将带毛的兽皮裹在脚上的"兽皮袜"或"裹脚皮"。制作这种"鞋饰"无须复杂的材料和工艺，只需天然兽皮以及简单切割所需的锋利石器即可，而旧石器时代已经具备了这两个条件。

因为生兽皮新鲜时容易腐烂，晒干又十分僵硬，这必定会影响鞋饰的加工制作。于是，原始鞣革工艺产生了。古人类用野兽的脑浆、骨髓和油脂涂抹在兽皮上，通过太阳的照射和手工搓揉，使生兽皮变成柔软的革。可见，当时人类已经懂得用火烟熏烤兽皮制革。清代末期在河南省安阳出土的殷周时代的戌革鼎上，就已刻有"革"字。而在陕西省岐山县的西周铜器的铭文中也记录了"给业两坑群角子皮"的字样。这两个发现为我们勾画出了殷商时代制革业和"皮鞋"业初具规模的生产情景。因此，我们确信中国鞋饰材料必起源于兽皮而无疑了。也正因为这样，以象形图案为基础的中国古汉字才为我们留下了如此众多的以"革"为偏旁的鞋类字体。

问世于春秋战国时期的《考工记》，是中国最早的手工业专著。它上承古代奴隶社会青铜文化之遗绪，下开封建时代手工业技术之先河，在古代文化史上起过重要的作用。《考工记》记载："鲍人之事……欲其柔滑，而屋脂之，则需。"意思是鲍人制作的韦革十分柔滑，欲获此效果，需要涂上厚脂（如今叫作"加脂"）。又载："函人为甲。……凡为甲，必先为容，然后制革。"意思是函人制盔甲，必先量度人的体形制作模型和模具，然后模压制革片。由此可见，皮盔甲虽然早在战场上销声匿迹，但"函人"和"鲍人"所介绍的制革工艺，加入油脂这一技术却没有随岁月的流逝而失去作用。时至今日，皮革加脂仍然是由"皮"转变为"革"的关键所在。

皮革行业是我国古老而又传统的行业。有文物为证，早在数千年前，中华民族就能生产皮鞋、皮衣等生活用品。早在远古时期，人们就把打猎所得的兽皮用以防寒和保护身体。我国皮革加工历史悠久，远在公元前1700年的周朝就有过记载。在我国鞋都温州，有一个鞋文化博物馆，那里收集了许多先秦、两汉、魏晋南北朝等历史时期的鞋履及皮件文物，直到明清时期。我国传统皮革制品琳琅满目，丰富多彩。现代皮革行业由制革、皮鞋（旅游鞋）、皮件（皮服）、毛皮四个主体行业和皮革化工、皮革机械、皮革五金、鞋用材料等配套行业组成。皮革行业最早进入市场，二十世纪八十年代以前，皮革主要用于制鞋，进入九十年代以后，国内外对皮革制品的需求进一步扩大，皮革制品进入千家万户，服装用革大幅度上升，不止局限于皮衣、皮鞋、服饰配件，家具、汽车用革的需求量也日益增加。各种革制品与毛皮制品的品种、花色及质量均有显著增加，有些已经达到或接近国际先进水平，皮鞋、皮革及毛皮制品的加工技术均有了显著进步，计算机辅助设计也进入了皮革这个古老的传统行业。

新石器时代，黄帝率本部落族人在东迁过程中，于桑干河流域泥河湾盆地发现了毛皮鞣制技术，并在今阳原境内建立了毛皮鞣制和缝制基地，"始服冕垂衣"，实现了毛皮服饰雏形向完全意义上的毛皮服饰的转变，使毛皮进入新的发展时期，从而奠定了黄帝毛皮始祖的地位。从此，毛皮服饰不仅更好地满足了远古先民御寒保暖之需要，而且可更好地防身护体，为赢得战争胜利、实现华夏一统奠定了雄厚的物质基础，同时，也使毛皮更多地融入了文化元素，开启了中华五千年的文明史。一个地方真正能体现文化的是人文历史，它是一个地方的形象和代言。纵观毛皮起源历史，我们不难发现，毛皮文化较之中国的"四大发明""丝绸之路"等人文历史更为久远，更为璀璨夺目，并对中国乃至世界文明有着伟大的贡献。阳原作为中国毛皮文化的发祥地，毛皮始祖的发祥地，必将成为世界毛皮文化的重点地域，展示着毛皮文化的深厚底蕴和悠远的历史足迹。油对皮革的制作起着至关重要的作用，皮革的制作和维护都需要油类的支持，随着皮革行业的发展，油在皮革中的应用，必将得到更加深入的研究。

皮革生产技术包括许多阶段，可分为化学处理和机械处理过程。在化学处理过程中，皮纤维结构出现松散，同时除去皮中不需要的成分包括油脂。皮中的油脂被除去后导致胶原纤维黏结在一起，使皮革变硬。为了解决这一问题，鞣制后的皮革需要加脂。加脂过程就是将油脂分子引入皮革，使胶原纤维得以分离，结果使皮革变得柔软、柔韧和具有适度的弹性。化学改性天然油脂，会产生废水和固体废弃物，通常会对环境造成负面影响。因此，天然油脂在皮革生产中的应用不经过化学改性似乎是环境友好的清洁技术。加脂是湿操作最后的工序之一。加脂浴液条件、加脂剂用量决定皮纤维的柔软度和弹性，对皮革的物理力学性能有很大的影响。鞣制后皮革比较硬，粒面或多或少容易裂。因此，需要进行专门的加脂，干燥后的革纤维不会黏结在一起，机械处理后纤维就会分离。加脂通常是以天然动植物油脂进行化学改性后的水乳液形式进行。

第五节　油墨书画

一、油烟及墨

（一）墨的起源

墨的产生与人类书写或描绘的行为紧密相关，可以追溯到极为久远的年代。前人由于认识的局限，故称"上古无墨"。近代以来，随着考古学的不断发展，一些有关墨的文物陆续被发现，这些直接或间接的考古材料为人们大致勾勒出了墨的起源和发展轨迹。

河南殷墟出土的甲骨文上，有用朱砂和墨书写文字的痕迹，表明在甲骨文上书写的文字，红色是朱砂，墨色是碳素单质，这证明朱砂和墨在殷代就开始被巫人用来书写文字了。在商代石、玉、陶器的表面，也曾发现过墨书的遗存。秦汉及魏晋时期是墨史上一个重要的时期，以松烟墨的大量流行及"韦诞制墨方"的出现为标志，中国古代制墨工艺经历了一个大的变革而进入了成熟期。

（二）墨的发展

隋唐时代，制墨更加受到重视，政府设官办厂，其中，墨官最著名者为祖敏，制墨之妙名闻天下。《唐书·韦述传》载，韦述家藏书宏富，全都经他亲自校点，"黄墨精谨，内秘书不逮也"。黄墨是用雌黄研细加胶合制的墨，多用于修改文稿或者点校图书。

唐末五代由于战乱频繁，大量北方墨工纷纷南迁，制墨中心亦随之转移。此后，徽墨雄踞天下，在制墨业中占据主导地位。宋代由于科举制度的发展和书画艺术的繁荣，文人学士对墨的需求更为扩大，这也刺激了制墨的发展，墨的生产以徽墨为龙头，范围不断增大。

（三）油烟墨

宋墨在原料配制、艺术加工、种类品质上均较前大为提高和拓展。宋朝墨分两派，一是多加龙麝助香的，一是不用香料的。潘谷、张遇属香墨派；王迪是主张不加香料的，"真松煤远烟，自有龙麝气。"油烟墨的制作在宋代已经出现，据明代罗颀《物原》中云："奚廷珪作油烟墨。"油烟墨的产生绝非偶然，它与松烟制墨大量砍伐松树造成资源的匮乏有一定的关系。石油烟作墨是宋代科技的一大奇迹，从某种意义上讲，它也应该属于油烟墨的一类。

元代，蒙古人入主中原，因君主皆轻视文事，制墨业未有特别的发展，但尚能持续宋代的余风，保持原来的成就。明代麻三衡《墨志》中引用杨升庵的话，元代制墨以朱万初为代表，他取墨材为摧朽之松三百年不坏者，所制烟煤极佳。

明代制墨工艺上有新的发展，墨的配方和品质更加受到重视，墨的质量有很大的提高，墨品更为坚细，锋可裁纸。油烟制墨技术已相当成熟，据记载，明代制墨名家程君房集前人之所长，创造性地提高了桐烟和漆烟的制墨水平，他的很多墨品都是油烟制成的。但由于工艺、产量等方面的原因，油烟墨并未占据主流。

明代中期以后，在整个徽州地区，出现了"徽人家传户习"的制墨景象，使得徽州成为全国制墨业的中心。彼时徽州地区制墨，松烟墨与油烟墨并举，特别是"桐油烟"与"漆油"的制墨工艺广为运用，油烟墨的生产达到了历史上的最高水平。当时生产的许多精美的油烟墨和漆烟墨，能流传到今天的已经成为传世的名墨。徽墨的制作，要经过很多道工序，制成的墨"坚而有光，黝而能润，舐笔不胶，入纸不晕"。

二、以油制墨

集油烟墨工艺大成的《墨法集要》把油烟墨制作从原料制备到成品检验分为二十一个步骤：浸油、水盆、油盏、烟碗、灯草、烧烟、筛烟、镕胶、用药、搜烟、蒸剂、杵捣、秤剂、锤炼、丸擀、样制、印脱、入灰、出灰、水池、试研。清代谢崧岱在《南学制墨札记》中把油烟墨制作过程分为取烟、研烟、和胶、去渣、收饼、入盒、入麝、成条八个步骤。但不论是二十一道工序，还是八道工序，概括起来，还是可以简单地分为原料制备阶段和制成形阶段。

油烟墨工艺分析，以明代方瑞生在墨海中的总结较为精当：蓄油宜缓，点烟宜避风，搜烟宜晴朗，蒸宜透，捣宜熟，窖宜久，藏宜燥，用宜缓，工忌诡拙，胶忌烂秽，搜烟忌当风，摊墨忌西照，墨室忌俗人。

（一）有史记载的古法制油烟墨

1. 《文房四谱》造麻子墨法

宋代苏易简在《文房四谱》中所言的造麻子墨法为："以大麻油泡糯米半

碗，强碎，剪灯芯堆于上燃为灯，置皿地坑，于中用一瓦钵，微穿透其底，覆其焰上取煤。"这种掘坑烧烟的方法简单便利，但过于粗放。一是用多根灯芯同时点燃烧烟，在短时间内虽然能获得较多的烟炱，但烟炱的颗粒必然较粗，因此在制墨时还需"重研过"才能使用；二是灯芯太多对所获烟量不宜控制，会造成大量烟炱外溢。

2.《墨经》桐油烧制法

宋人晁贯之《墨经》中记载的桐油烟烧制方法为："桐油二十斤，大算碗十余只，以麻合灯芯，旋旋入油八分以上，以瓦盆盖之，看烟煤厚薄，于无风净屋内以鸡羽扫取。此二十斤可出煤一斤。"另外《墨经》中还记有清油、麻籽油、沥青共同制作烟炱的方法，"用清油、麻子油、沥青作末，各一斤。先将二油（指清油、麻子油）调匀，以大碗一只，中心安放麻花点着，旋旋掺入沥青，用大新盆盖之，周回以瓦子衬起，令透气。熏取以翎子扫之"。从文献介绍的方法来看，《墨经》中记载的方法比《文房四谱》有较大进步，首先是将二十斤桐油分别装入十几只大粗碗中，在每只碗中只加入一根用麻拧成的灯芯，虽然烧取烟炱的时间较长，但是却易于控制，同时烧出的烟炱颗粒也较小。其次是在发烟较少的清油与麻籽油中加入发烟量较大的沥青，这样不仅可使获得的烟炱数量增加，而且可降低烟炱成本。

3.《墨法集要》油盏烧烟法

明代沈继孙在《墨法集要》中记载了油烟烧制工艺。该工艺将油烟的烧制细分为浸油、水盆、油盏、烟碗、灯草、烧烟、节烟等不同工序，每项工序不仅有详细的文字说明，而且配有插图，图文并茂地介绍了油烟墨的制作工艺。沈氏烧烟法中有几点值得注意：一是用于烧烟的油类品种有所增加，"古法惟用松烧烟，近代始用桐油、麻籽油烧烟，衢人用皂青油烧烟，苏人用菜子油、豆油烧烟"。桐油、麻籽油前代已经使用，但皂青油、菜籽油、豆油却少见于明代以前的文献，尤其是皂青油，未见他书记载，不知为何物。二是增加了浸油工艺，在烧烟前先将多种中药材浸入油中可能是中国传统制墨工艺的特色之一。沈继孙在《墨法集要》载有："每桐油十五斤，麻子油五斤，先将苏木二两黄连一两半，海桐皮、杏仁、紫草檀香各一两，栀子、白芷各半两，番木鳖子仁六枚……锉碎，入麻油内浸半月余，日常以杖搅动，临烧烟时下锅煎令药焦，停冷，滤去粗，倾入桐油搅匀烧之。"对于这些药材在烧烟中所起的作用，沈继孙未加说明，只说这是古法，今天已较少使用。三是沈氏的烧烟时间选择在深秋初冬，地点为明净的密室。这种做法较之前人更加科学，因为深秋初冬，温度较低气候干燥而又未上冻，在此时烧烟制墨，秋高气爽，空气湿度低，有利于含有较多水分的墨坯干燥；此时气温较低，微生物活动受到抑制，可以防止含有较多水分的墨坯生霉腐败；深秋温度虽然较低，但尚未滴水成冰，此时制墨可以防止含水较多的墨坯因低温冻裂。

4. 其他各法

《齐民要术》（约 538 年）的《笔墨第九十一》中对固体墨的制作工艺做了详细记载。"好醇烟，捣讫，以细绢筛——于缸内筛去草莽若细沙、尘埃。此物至轻微，不宜露筛，喜失飞去，不可不慎。墨一斤，以好胶五两，浸梣皮汁中。梣，江南樊鸡木皮也；其皮入水绿色，解胶，又益黑色。可下鸡子白——去黄——五颗。亦以真朱砂一两，麝香一两，虽治，细筛，都合调。下铁臼中，宁刚不宜泽，捣三万杵，杵多益善。合墨不得过二月、九月，温时败臭，寒则难干潼溶，见风自解碎，重不得过三二两。墨之大诀如此。"此为合墨法。

元代陶宗仪在《南村辍耕录》中有记："上古无墨，竹挺点漆而书。中古方以石磨汁，或云是延安石液。至魏晋时始有墨丸，乃漆烟、松煤夹和为之，所以晋人多用凹心砚者，欲磨黑贮沛耳。"明代宋应星著的《天工开物》一书卷十六《丹青》篇的《墨》章，对用油烟、松烟制墨的方法有详细地叙述。墨烟的原料包括桐油、菜油、豆油、猪油和松木；其中以松木占十分之九，其余占十分之一。

（二）古代油烟制备工艺

1. 油料选取

目前所发现的最早的油烟墨配方是南北朝时张永的麻子墨法，而在油烟墨盛行的明清时代，最常用的油却是桐油，《墨法集要》中指出桐油得烟最多，清代谢崧岱也持此观点，并通过实验证明用松脂烧烟，一斤松脂只可以得到三四钱烟，而一般的油，比如猪油、豆油，一斤可得烟七八钱，唯有桐油最多，一斤桐油可以得烟一两二三钱。

用于烧烟的桐油要选用上好桐籽榨出的油，而且油需要干晒 3 天，这样油才碧清，点烟时才能火光明亮。如果桐籽不好，或者含有水分，就会导致炼出的油里有杂质、水分，有可能产生霉菌，进而导致烧出的烟也就不好，所以当时有"烟清不如油清，油清不如桐子鲜明"之说。

关于桐油的选取，以清代谢崧岱在《南学制墨札记》一书里的介绍也较为详细，认为桐油虽然东南各省都有出产，但以湖南省所产为最好，湖南当地土产的桐油称作山油，而外地所产的桐油叫河油，山油用于制墨，品质远远优于河油。以山油熏烟，不仅得的烟多、色黑，并且有紫光，时间再久也不褪色。当然，谢崧岱此论可能是因为他本人为湖南人氏的原因，明代方瑞生则认为婺源的桐油最适于制墨。

2. 古代油烟烧制方法

油烟的制备又大致可以分为两个步骤，一是点烟前的油料的前期处理程序，主要包括即浸油与燃灯草，二是点烟和扫烟（亦称收烟）。

三、龙香御墨

"龙香"是我国制墨史上久负盛名的名墨之一。所谓"龙香"御墨，是以制墨煤烟为主，与龙香剂诸药品相互混合，由动物胶配制黏合而成的具有独特香气的高级药用墨品。在北京故宫博物院的藏品中，迄今有明确纪年且年代最久的墨品便是宣德元年龙香御墨（图4-18）。

图4-18　龙香御墨

墨有黑色、彩色。黑色墨用松枝、桐油等烧出的烟炱拌以牛皮胶等制，分别称油烟墨、松烟墨。彩色墨分朱、黄、蓝、绿、白、紫、青等，以朱砂等矿物原料制成，用于批文、绘画，质细腻，不易褪色。此为圆形彩墨，石青色。墨面起边框，中框内阳文楷书"大明成化年制"款，涂金龙纹相对。墨背阴地阳文楷书"龙香御墨"。制墨时加入珍珠、麝香、冰片、金箔等名贵原料称龙香剂，可防腐增香增光增色。御墨系专为皇帝制作之墨。此墨构图典雅，圆方和谐，工艺精致，既是珍贵的宫廷御墨，也是明代成化年间难得一见的标准器。明代制墨业兴盛，由实用生发出具有观赏性的艺术品。

四、现代制油烟墨

现代的油烟制备，其基本原理与古时并无不同，仍是点燃油料，使之不完全燃烧，在火焰上方用承接装置收烟，然后扫下。基本原理虽然相同，但现代的油烟烧制方法和采用的设备，与古人相比已经产生了质的变化，实现了机械化、连续化生产，生产效率、生产能力均也大大提高。

现代墨厂中的油烟制备一般选用桐油点烟，采用的方法为"滚筒取烟法"。收烟的滚筒一般长约 10 米，直径 30 厘米，烧烟时，滚筒不停旋转，承接滚筒下方火焰发出的烟，故称"滚筒取烟法"。

第六节　其他方面

一、话说油漆

油漆的历史源远流长。我国青铜时期便有了"油漆"的记事，周朝已经能够利用天然漆了。到明、清朝时我国漆器已驰名世界。树油在唐宋朝已广泛使用，至今也有千年以上的历史。自古以来，商家一般都同时销售大漆和桐油，所以统称为"油漆"。

十八世纪科学家发明了化学油漆。鸦片战争以后帝国主义除了大量掠夺我国的生漆、桐油外，同时大量地运进了化学油漆，最先是铅漆（厚漆）后是清漆、清油、磁漆。由于化学油漆在我国也一直由商业部门销售，故将天然漆与化学油漆无区别地统称为"油漆"。

随着现代科学技术和工业生产的发展，各行各业对油漆的需用量大幅度提高。原来以植物油和天然树脂为主要原料，加以颜料、溶剂、辅助材料等混配、研磨而成的油漆，无论在数量上、质量上都无法满足需要了。第二次世界大战之后，煤及石油化工产品已成为制造高吨位、高质量和多用途油漆的主要原料。这种原料来源的根本变革，使得原来涂装材料的主要成膜物质——植物油和天然树脂逐步为高分子合成材料所取代。显然，相沿成习的"油漆"一词已不再符合实际。由此，涂装材料的简称"涂料"一词便产生了。

中国的油漆技术历史悠久，漆器闻名于世，漆器是用中国特产的生漆涂刷而成的。生漆是漆树的分泌物，它形成的漆膜坚硬光亮，耐热耐水耐油，抗腐蚀性极好，这些优良特性是一般漆料无法比拟的。所以，直到现在人们还把生漆称为"漆料之王"。

我国是漆料之王的故乡，是世界油漆技术的发源地之一。漆的使用，远在新石器时代就开始了。大约在七千多年以前，中国古人就已经能制造漆器了。1978年，在浙江余姚河姆渡文化遗址发现了朱漆木碗和朱漆筒，经过化学方法和光谱分析，其涂料为天然漆。最晚至商代，我国已能制造相当精美的漆器，技术趋于成熟。

油漆技术的一项重大突破就是桐油的使用。桐油是我国特产的一种干性植物油，是从油桐树的种子中榨出来的。据一些学者研究，早在战国时期，油漆工匠就掌握了桐油的制法，并创造性地把桐油加入到生漆中，得到了混合涂料。出土的一些战国漆器上的纤细花纹，就是用桐油配制的各种彩色颜料绘成的。直到近代，人们仍然把桐油加入漆中，既改善性能又降低成本。

秦汉时代是油漆业和油漆技术大发展的时期，最突出的成就是发明了"荫室"。所谓荫室，是生产漆器的一种专用房间，房中必须潮湿和温暖。荫室非常符合现代生漆成膜的科学道理。根据现代的研究，生漆在较高的相对湿度（70%～80%）下氧化成膜，得到的漆膜质量好、干燥快，又不易出现裂纹。荫室的发明是我国古代油漆工人的一项伟大创举。

漆器一般都要上几遍漆，下道漆要等到上道漆干透后才能上，因而整个生产周期很长。加快漆膜的干燥，缩短生产周期，成为当时的研究课题。后来，古代工匠发明了化学催化剂。他们在生漆和桐油中分别加入少量蛋清和密陀僧（氧化铅）或土子（含二氧化锰），可有效地促进高聚物薄膜的形成和干燥，这是一项很重要的成就。

自秦汉以来，油漆技术已经基本定型，人们开始在底胎和面漆两个方面进行改革，创制出一系列风格独特的新产品。魏晋南北朝时期的工匠们，在制造漆佛像时先塑出泥胎，再在外面粘贴上麻布，在麻布上涂漆和彩绘，等油漆干了，再把泥胎用水冲出来，就造成了中空的漆佛像。这种佛像十分轻巧，一丈高的佛像，一个人就能轻易举起来，而且保色持久。

唐宋时代的漆工在面漆的装饰和加工方面，表现出了高超的技艺。有的用金银薄片雕成花纹，粘在漆胎上，称为"金银平脱"；有的把朱漆连上几十道形成很厚的漆层，然后雕出立体感的图像称为"剔红"；有的用贝壳、玉石、珠宝等装饰在漆面上，组成美丽的画面，称为"螺钿"。这一时期，油漆也更广泛地应用于建筑。

中国的漆器和油漆技术早在宋代以前就传到外国，并且都逐渐形成了具有自己民族特点的漆器业。我国特产的桐油也在十六世纪传入欧洲，直到二十世纪初，美国等国移植油桐树成功，才开始逐渐取代中国桐油。

湖北省来凤县曾用地方品种"金丝油桐"的果实生产出品质优良的"金丝桐油"，是我国著名土特产之一，其浓度大，色泽澄亮金黄，可牵拉成丝，故有"金丝桐油"之美称。早在清朝同治年间，来凤县就有"万担桐油下洞庭"的赞誉。1953年，国家政务院给"金丝桐油"颁发了"来凤桐油质量第一"的锦旗。1968年，来凤"金丝桐油"在湖北省桐油质量评比中名列榜首。1984年，中国林业科学研究院亚热带植物研究所对全国27个地区的桐油进行抽样化验，认定来凤县"金丝桐油"的质量为全国桐油之冠，并在《中国地图册》和《世界地图册》上将来凤县"金丝桐油"作为土特产珍品予以介绍说明。2005年，来凤县"金丝桐油"获得了湖北省第二届林博会的"产品金奖"和"畅销产品奖"。"金丝油桐"经过多年的系选，2007年12月通过了湖北省品种审定委员会的审定，"金丝油桐"被正式命名为"金丝油桐"品种。由于油桐品种多，用同工酶建立起"金丝油桐"种子档案，可有效避免"金丝油桐"品种的混杂。但是关于这方面的研究报道暂存空白。为了促使"金丝油桐"的发展，保证其种质资源的优良，满足其遗传选育品种的需要，有专家对其形态特征及过氧化氢酶同工酶谱进行了研究。

二、绿油纸伞

不论是细雨纷纷，还是赤日炎炎，在城市的大街小巷里，都可一览伞的千姿百态、五彩缤纷。从油布伞、丝绸伞到折叠伞等，伞的品种繁多，色彩各异，真是手擎乾坤晴雨，头顶彩色世界。具有悠久文化的中国油纸伞，是中国传统民间艺术特色的工艺品，对它的了解必须从其历史的源头开始。

相传，伞是鲁班之妻云氏发明的："劈竹为条，蒙以兽皮，收拢如棍，张开如盖"。但初期的伞多以羽毛、丝绸等物料制作，在纸张发明之后丝逐渐为纸所取代。油纸伞实际出现的时间不明，约从唐朝传至日本、朝鲜。

宋朝时称之为"绿油纸伞"，明朝开始于民间普及。《天工开物》提到："凡糊雨伞与油扇，皆用小皮纸。"

长沙制伞业源远流长，长沙纸伞是颇负盛名的手工业特产之一。长沙伞业属于前店后厂的手工作坊性质，原料自购，产品自销，实行专副结合的生产方式。长沙生产布伞的历史晚于纸伞。它作为一个独立的工业行业，一直延续到1956年公私合营之时。"陶恒茂""菲菲""裕湘厚"以及抗战胜利后开设的"震湘"等几家较大的伞店一同进入公私合营的长沙伞厂。

清咸丰年间，长沙手工艺人陶季桥承袭父亲做纸伞的手艺，带领4个女儿在北门口开设陶恒泰纸伞店，几年后将积累的盈余，又在附近另组陶恒茂纸伞店。这是长沙有史可查的最早的伞店。"陶恒茂"的伞做工精细，谨守祖传工艺，因而能在长沙伞业中独树一帜，经久不衰。"陶恒茂"的伞的特点首先是选料考究。做伞骨用的竹子，必须是越冬老竹，去其头尾，留用中筒，云皮纸要选用上等纸，结边的纱要用自纺的土纱，因为土纱的吸油性比"洋纱"好。

其次是操作细严，篾工都要按规格尺码精制，伞用丝棉盖顶层，中骨用头发绳穿结，伞边用土纱夹头发绳，还要用粗丝线结边。伞胚制成后一律集中到三伏天用生桐油连续上油 3 次，不准在其他季节上油。因此，陶家的老油纸伞，货真价实，长期赢得信誉。

到清末长沙有纸伞店 4 家，光绪三十二年（1906 年）开业的裕兴伞厂资金最多，产量（年产 2.4 万把）最大。从清末到民初，长沙纸伞店大增，渐有"本帮"和"衡州帮"之分。本帮设店多在老照壁"栅门内"（老照壁临近清抚台衙门，后改督署，当时栅门尚未拆除）、北门口、学院街、鸡公坡一带。衡州帮则开设在老照壁"栅门外"炮坪巷一带。民国时期湖南所产纸伞，以长沙"菲菲伞"最为有名。1914 年开设于南阳街的振记布伞店，从广州、香港购进钢骨，自己配以布面，制成"洋伞"出售，开湖南布伞生产之始。接着李茂堂在下坡子街开设"裕湘"广伞号，重金聘来广东技师，仿照广东布伞的式样生产布伞，名曰"广伞"。不久，长沙铜匠黄干诚于小西门开设黄宏顺布伞店，开始自制钢骨，用土染青布配面，以较低价格应市。以后又有一些铜匠改行，相继开业的布伞店有"杨福兴""杨顺兴"等。1917 年裕湘广伞号的股东黄菊阶邀集李茂堂之子李早贵等人在下太平街开设"裕湘厚"广伞庄。此店临近大西门、小西门水陆码头，具有地域优势，加上注意改进质量，生意日趋兴旺。"裕湘厚"制伞所用的青布从不购染好的成品，而是采购名牌"龙头"细布，或"万年青"青白细布，再送染坊加工染色。染时须经两道工序，即先染成蓝底子，再加染成青布，以防褪色。该店的另一特色是价格合理，实行"真一言堂"。售后服务也做得较好，对伞的小修理，仅收工本费，如属质量问题则不收费。1921 年湘乡人潘岱清在杭州购得几把绸面花伞，羡其精巧适用，有意仿制，恰逢其弟从美国留学归来，谈及杭州花伞在海外销路看好之事，兄弟二人遂变卖田产办起了菲菲伞厂，开创了长沙制伞工艺融欣赏美和实用美于一体的新路。菲菲伞分为雨伞和阳伞两大类，款式多样，有大盆边、荷叶边、鱼齿边、平整边等；图案造型有绘花、喷花、印花、贴花4 种。伞面装饰千姿百态，有芳草奇花、才子佳人、飞禽走兽、青山绿水等等。菲菲伞不仅是一种轻便适用的日用品，而且是一种美观雅致的工艺品，产品除销本省和长江流域外，还远销港澳和东南亚一带。1925 年菲菲伞厂扩充为长沙菲菲制伞商社，有职工 67 人。1929 年在中华国货展览会上，长沙菲菲伞获优等奖。二十世纪三十年代长沙纸伞店不下百余家，多开设于老照壁、北正街、炮坪巷一带，但唯以"菲菲"和"陶恒茂"两家最为有名。

油纸伞和油布伞，它们都是以竹条、棉纸（棉布）、桐油、柿油、有机颜料等为原料。最大的区别是油纸伞伞面是纸做的，易碎，经不起大风大雨的吹打与踩蹋，但色彩多样，上面可以描绘精致的图案花纹；而油布伞的伞面是油布做的，颜色多以紫红、土黄为主，结实耐用，可以容纳下两三个人躲雨。

油纸伞是江南的，确切地说是属于水乡雨巷里那哀怨的忧愁的高贵端庄典雅雍容的女子；而油布伞则是属于北方的，属于狂风暴雨中冷峻的坚毅的热情豪放跋山涉水的男子汉。前者是轻盈的浪漫，而后者则是沉重的生命重荷。

而在"中国宣纸之乡"安徽泾县孤峰村制作的油布伞虽然没有宣纸那样历史悠久，但却与宣纸的名气相当。油布伞诞生于元代，以毛竹为伞骨，以浸透桐油的棉布为伞面，是当时人们最常用的雨具之一。到明清时期，油布伞行业更为兴盛，尤其是在安徽泾县境内，出现了许多制伞家族，其中以孤峰村的郑家最为有名。

有人说："孤峰的油布伞，既没有西湖绸伞的外形风雅，也没有泸州油纸伞的文化深厚，不值一提。"但就是这种看似笨重、朴实的油布伞，以坚固、实用的特性成为人们的最佳雨具，并凭借绮丽的色彩为孤峰撑起了一片最美的天空，吸引着天南地北的人来此探访这门独特的制伞技艺。

泾县有名的孤峰油布伞经历起起伏伏。泾县位于安徽东南部，素有"山川清淑，秀甲江南""汉家旧县，江东名邦"的美誉。孤峰虽然偏僻，冷清，但山清水秀、物产丰富，因此当地素有"金孤峰，银蔡村"的说法。在孤峰的特产中，尤以毛竹最为著名，而毛竹正是制作油布伞的原材料之一，这种得天独厚的自然资源为孤峰油布伞的诞生和发展打下了基础。如今，孤峰仅剩一家还在坚持手工制作油布伞的作坊——国民油布伞厂。

走进厂房，看到手艺人或在削竹，或在做伞柄，或在缝伞衣，或在刷桐油……每一个步骤都是纯手工制作，因此工具也很简单，无非就是钳子、锯子、手电钻、缝纫机、锉刀、刷子等。看起来简单并不意味着做起来容易，据一名老手艺人介绍，油布伞的制作过程相当烦琐，一共有 8 道大工序，分别是制作伞骨、伞芦盘、伞柄、伞衣、伞架以及装伞衣、熬油、油伞，还有十几道小工序，包括选材、量尺寸、刨竹、分片、打孔、排竹、调染料、署名、晾晒等。

其中，熬油是整个生产流程中的核心技术，直接关系到制伞的成败。桐油是干性植物油，能对棉质的伞面起到保护作用，但其干燥后密封性不好，只能在短时间内起到防水防潮的作用。所以为了加强密封性，就必须将桐油进行热聚合，也就是民间所说的熬制桐油。但如果桐油熬"嫩"了，伞面就无法晒干，熬"老"了，又容易煳锅报废，因此掌握火温和时间是关键。当锅里的桐油泛起油花时，加入黄丹粉等物质，桐油面会立刻冒出黄烟，然后用木棒不停地搅拌，等到黄烟变成黑烟时，意味着桐油的温度已达到了 240℃ 左右，有经验的手艺人会取一点桐油放在铁皮上冷却，再用两根手指蘸一点桐油，如果桐油能被拉成丝状，则说明桐油已经熬好了。等熬好的桐油冷却后，就要开始油伞。与油纸伞的上油工序不同，油布伞不是在伞面刷一层油，而是要将伞面油透，这样晒干后的伞才结实耐用，复油时要均匀，这样伞面才有光泽。

油布伞始于宋元，盛于明清。清朝乾隆年间，在小小的孤峰村从事制伞的匠人就已达到千人，而且，尽管交通不便，孤峰油布伞还是能行销至南陵、繁昌，甚至远销到南京、常州等地，可见当时油布伞行业的兴盛。郑国民的家族也是从这一鼎盛时期开始靠制伞为生，并将孤峰制伞技艺相传了十几代人。泾县伞店林立，满大街都陈列着浸透了黄色桐油的油布伞，就像一朵朵绽放在小镇里的"伞花"，惊艳了过往的行人。人们购买油布伞后，还会在伞柄上工整地写上自己的名字，因为对那时的普通人家来说，油布伞还算是件贵重的物品。

郑国民的祖父和父亲都是当地制伞的能工巧匠，到了郑国民这一代，郑家6个孩子中只有他一人继承了制伞事业。1987年，郑国民初中毕业进入孤峰雨伞厂学习制伞手艺，但当时正值油布伞由盛转衰时期，产销量逐年递减，伞厂陷入经济危机，有时连工人的工资都发不出来。二十世纪九十年代初，油布伞厂纷纷倒闭，整个安徽省专业制作油布伞的厂家就只剩下孤峰雨伞厂。没过多久，孤峰雨伞厂也倒闭了，为了延续油布伞制作技艺，郑国民毅然决然地开办了国民油布伞厂。随着时代的发展，早就没有人购买略显笨重的纯手工油布伞作为日常雨具了，只有一些农村和集镇的小商贩偶尔会买来摆摊用，因此，国民油布伞厂的运营状况一直处于艰难中，孤峰油布伞制作技艺也面临失传。但在泾县政府的扶持下，国民油布伞厂已成为泾县首批非物质文化遗产摄影基地。在伞厂内的一间会客厅里，我们看到了全国各地摄影师的照片。这些以孤峰油布伞为主题的摄影作品中，有的被刊登在《大众摄影》《中国旅游报》等报纸杂志上，有的荣获过省级摄影大奖，吸引了越来越多的游客到孤峰探访油布伞，也让这门沉寂多年的制伞技艺，终于焕发出了生机。

在北方，伞是有文化的，是神秘的民间文化符号。乡人结婚，嫁妆除了定金、金簪、金环、茶包、糖桃等外，娘家人总要赠送把油布伞，这把"油布伞"作为嫁妆，在北方的风俗里是吉祥祈福的象征，有"早生贵子""多子多孙"的兆意。而在南方伞是诗意的道具，是浪漫的标志，是淡淡哀愁与雅致的背影，与雨在一起，淅淅沥沥的雨声至今在心头荡漾。

以木竹为骨架、以桐油涂过的棉布为衣裳的油布伞，紧贴近农家的生活，负载过更为广阔的时代风雨。农家人纵然不能像半世坎坷的名人在油纸伞下遥望她那远方的故乡，或者如伟人一把黄伞挽住了新中国的风雨，但却呵护住了脚下生存的旷野，成为岁月流逝里的一道独特风景。油布伞，和蓑衣、斗笠一样，成为沉重的挡雨遮阳工具。阳光毒辣的夏日，农家人撑着这柄油布伞，荷锄走进田野深处，就这油布伞尺寸的阴凉下，一锄一锄铲去庄稼旁的杂草，炽热的光芒把油布烤得噶哒噶哒地响。这是真正的油布伞，是一个个顶天立地的庄稼汉擎起的阻挡风雨的油布伞，与旷野相连，与人生相通。

三、油与包装

复合材料包装容器，并非现代才有，中国古代早已产生并广泛应用。所谓复合材料包装容器，是指两种或多种材料复合后用于包装。广义而言，木胎漆器、竹胎漆器、夹纻漆器、陶胎漆器、铜胎漆器等，都应算是复合材料包装容器。此外，采用各种植物油，如桐油、菜油、豆油、花生油、胡麻油等，或动物油，如牛油、羊油、熊油、猪油等，涂覆在麻布、丝绸、纸张、竹篓、竹箱、竹席、芦苇席等包装材料上，形成油布、油纸、油篓、油盒、油箱、油席、油袋等包装容器也属于复合材料包装容器。植物油与动物油均为天然高分子化合物，易与其他物品复合。

中国古代何时开始使用天然复合材料包装容器？以漆器而言，可追溯至七千年前了。《礼记·内则》载："脂用葱，膏用薤。"郑玄注："脂，肥凝者；释者曰膏。"可见先秦时代已使用各种动植物油。明代学者宋应星《天工开物》中总结当时已用的植物油有：胡麻油、萝卜籽油、黄豆油、白菜籽油、苏麻油、菜油、茶油、苋菜籽油、大麻仁油、柏油、亚麻油、棉花籽油、桐油、蓖麻油、樟油等；动物油则只列牛油一项。

在实际生活中，用于包装的多为桐油。因为桐油有毒，不能食用，而用于包装，则可以防虫蛀、鼠咬、防潮、防雨水浸泡、防渗漏，所以一般用的油布、油纸、油篓、油席、油袋、油箱、油盒等包装容器，均用桐油涂覆即可。桐油的涂覆工艺较油漆简便易行，所以民间广泛用于包装活动，经久不衰。

中国使用人造复合材料包装容器当始于二十世纪三十年代前后，即锡箔包香烟技术的引进。二十世纪八十年代初，铝箔复合膜从西方引进以后，香烟、食品、药品、化妆品、军用品、高档仪器等许多商品包装领域，就逐渐推广使用了。

四、粮油票证

新中国成立初期，我国进入计划经济时期，1953 年 10 月 16 日，中共中央发出了《关于实行粮食的计划收购与计划供应的决议》。这一决议是根据陈云的意见，由邓小平起草的。所谓"计划收购"被简称为"统购"；"计划供应"被简称为"统销"。后来，统购统销的范围又继续扩大到棉花、纱布和食油。在我国粮油统购统销计划经济时期，食用油作为人们重要的生活资料，粮食部门在发行大量粮票的同时，也发行了用于购买食用植物油的油票。

1953年11月，国家对植物油实行了"统购统销"。1955年，国家粮食部印发了第一版全国通用粮票，因全国通用粮票在购买粮食时自带食油计划，所以粮食部没有印发全国通用油票，居民使用的油票都是由地方各级粮食部门自行印发的，主要有北京、上海、天津、山东、浙江、陕西、安徽、湖北、宁夏、山西、贵州11个省市自治区。上海市从1954年3月便开始采取以人定量、计划发票、以票限供的办法，将食油票证发放到居民手中。天津市从1954年开始对食油实行凭票、凭证定量供应。安徽省和北京市也分别从1955年和1956年开始印发"油票"。浙江省从1957年开始印发了"高级脑力劳动者食油补助供应油卡票"，以后又陆续印发了"流动人口随证购油票""长期流动人口随证购油票""流动油票""流动人口食油票"，1962年印发了"军用流动油票"等。山西省于1957年印发了一套"特种补助油票"。贵州省于1974年印发了一套"地方食油票"。其他省、市、自治区未印发全省统一使用的油票，而是由当地粮食部门自行印发，直至区、乡粮站，乡镇粮管所都印发有油票。

1959—1961年期间，上海市每个居民每月凭票供应25两植物油，2两猪肉（当时的秤1斤＝16两）。1961年8月以后，由于商业部门一度无法落实猪肉货源，只好停止供应，或以少量咸鱼代替猪肉，蔬菜也经常限量供应。

油票的名称和种类因食油原料、油票的发放对象和用途不同而各异。如按原料分，有：花生油、菜籽油（亦俗称青油）、大豆油（简称豆油）、芝麻油（又俗称香油，或简称麻油）、葵花籽油、茶籽油、棉籽油等。按发放对象分，在城镇除常见的"油票""食油票"外，还有"市镇人口食油供应油票""定量油票""口油专票""城镇居民油脂（料）票""临时食油供应证""补助油票"等；专门发放给职工的油票名称有"职工油票""保健油票""机关团体专用油票""（厂矿）油券"等；农村油票的名称则有："统销油票""定额留油票""以籽换油票""兑换油票""返还油票""代农加工油票""周转油票""救灾专用油票"等。还有特殊名称的油票，如哈尔滨市1961年印发的"食油分购票"，河南省安阳市1963年印发的"食油票（其他油）"，商丘市1982年印发的"流动杂油票"，新蔡县1990年印发的"双节调剂油券"，武汉市1967年印发的"粮油机动票"，广东省江门市江海区外海粮所1972年印发的"实物油票"，合肥市1989年印发的"粮油商品票"，重庆市九区1992年印发的"城镇居民植物油票"，以及为了团结广大华侨，鼓励华侨、侨眷向国内汇款，增加国家外汇收入，而专门发行的各种"侨汇油票"等。1998年长江特大洪灾后，湖南省澧县向灾民除发放了大米券外，还印发了"澧县县委政府九九年春节送温暖活动食油券"（菜油 1 市斤）。南京市粮食局 1988 年印发了"特级菜油票"，是以食油加工精度命名的油票，票面上同时印有菜籽油的价格为 1.38 元（面额 500 克）。1989 年又印发了面额为 250 克的节日用油券，该券是春节、国庆两个节日增加发行的特级菜籽油票。由于特级菜籽油在当时是新品种，市民还不太了解，因此南京市粮食局将特级菜油的性能、特点等印在油票上进行宣传，"菜油为原料，深度精加工。去杂脱酸臭，色泽清而亮。烹调少油烟，常食保健康"。在油票上做广告，不仅反映了南京市粮食局在不断满足人民生活需要方面所做的积极工作，而且表现出了粮食部门改革开放的市场经济意识。

　　由于食油的特殊性，油票的计量单位一般都比较小，常见的除我国市制的"两""斤"，公制的"克""千克""公斤"外，尚有比"两"更小的"钱""分""厘"，以及"人""份""天""月"等特殊的计量单位，这是粮票所不具有的，是油票的明显特征之一。如：江苏省吴兴县曾发行的 1 两 8 钱 7 分 5 厘（1.875 两）油票，河南省新蔡县 1967 年发行的 1 钱 7 分（0.17 两）和 5 分 5 厘（0.055 两）油票等。

　　还有一些以"人"为单位的油票，如：四川省高县等地的"壹人定量"食油票和乐山市各区县 1979 年的"壹人"油票；江苏省靖江县靖城 1982 年的"叁人""陆人"居民购油券，泗阳县青阳镇粮管所的"壹人""贰人""拾人"油券；黑龙江省阿城县 1961 年"只限五人"的职工油票等。以"份"为单位的油票，沈阳市 1995 年的"壹人份"居民定量油票等。以"天""月"为单位的油票，如：江苏省吴兴县的一枚 7 两 3 钱（7.3 两）的"12 天"定量油票，太原市 1979 年城镇居民食油供应证（月份票），山西省长治市 1969 年的职工油证"月份票"，以"天"为单位的油票，还有"5 天""10 天""半月"等多种，其中还有"300 天 10 人"等字样的油票，极其罕见。油票的计量单位如此特别，主要是受油料生产的影响，食油供应的数量时有调整，所以采取上述"人""份""天""月"等计量单位，供应数量当月公布，就可以避免食油供应数量上可能出现的矛盾。湖北省公安县 1990 年的购油券以"mL"（毫升）为单位，以及四川省丰都县 1982 年的食油票，即无计量单位，也没有面额，则是独一无二的。

　　油票的面额，最大的是河北省玉田县 1970 年 300 斤的购油票，最小的是辽宁省岫岩县 1958 年 l 市分（0.01 两）的地方油票。二十世纪六十年代，河南省的一些市、县曾发行过一批下乡干部专用的油票，其面额之小和位数之多成为油票家族的一大特色。河南省镇平县为配合"四清运动"，于 1965 年专门印发了供四清工作队队员在农民家吃饭时使用的临时食用油票，吃 1 餐交 1 张面额为"5 分 5 厘"（0.055 两）的油票，吃 1 天交 1 张面额为"1 钱 6 分 5 厘"

（0.165 两）的油票。这两张油票的面额是这样算出来的：1965 年每人每月半斤食油，每餐为 0.055 两（即：5 分 5 厘），每天为 1 钱 6 分 5 厘。社教队员那时都是在社员家中吃饭，有了这种油票，吃 1 餐交 1 张就很方便。还有河南省汝南县面额为"1 钱 7 分"（0.17 两）的四清工作队油票，辉县"1 钱 6 分"（0.1006 两）的社教专用油票，新蔡县面额为"1 钱 7 分"（0.17 两）和"5 分 5 厘"（0.055 两）的"中共新蔡县委学习宣传毛泽东思想工作队"油票等。广东省阳山县 1966 年的 1 钱油票，新疆 1961 年的 5 市克（1 钱）军用价购油票，广西的 3 钱油票，安徽、南京、四川省泸州市的 5 钱油票等，面额精确到了钱和分，要知道 1 分（百分之一两），只有几滴油，真可谓"滴油胜似金"。

如此小面额的油票，粮食部门是如何出售食油的呢？当时人们买油是用棉纱去购买，拿一小团棉纱放到油里蘸一下拿到天平上去称，如果多了，就把棉纱捏一下，掉下几滴直到合适。这一点棉纱只能用来擦擦锅底。票是在特殊时期和特定条件下印发的，已经成为历史的见证，成了珍贵文物。如镇平县 5 分 5 厘和 1 钱 6 分 5 厘油票，就同时被中国革命博物馆和北京市档案馆收藏。侨汇油票的面额也比较特别。如：肆市钱（0.4 两）、0.075 市斤（0.75 两）、0.15 市斤（1.5 两）、0.45 市斤（4.5 两），37.5 克（0.75 两）、375 克（7.5 两）等。油票的图案虽然没有粮票那样丰富多彩，但也有自己的特色。如：有三分之一的油票以油菜、花生、向日葵、大豆等油料作物为图案，也有直接以反映粮油工作为图案的。安徽省 1957 年购油票、1960 年伍钱通用油票的图案是"油桶"；宁夏 1963 年壹市钱地方食油票的图案是"油桶"和"油瓶"；湖北省 1957 年、1960 年油票的图案分别是售油的"油桶、漏斗、油提"和买油的"油瓶、油罐、碗"，1971 年湖北省地方油票见图 4 - 19；湖北省仙桃市1991 年城镇购油券的图案是"售油器"和"漏斗"；河南省新乡市 1983 年流动食油票的图案是"一个女售货员操作售油"的情景。特别值得一提的是武汉市 1967 年发行的粮油机动票，把粮食部门销售和居民购买粮油的诸多环节一并注入票图中，真实再现了一个粮店（粮油门市）营业的全过程。票图上粮油货物充足，三个粮食职工，一个在开票收钱，一个在售油，一个在称粮，工作井然有序。同时，反映了群众排队购粮，接装粮、油和一家三口购买粮油后步出粮店等情景，图案人物栩栩如生，形象生动，真实可信，可见油票设计者的用心良苦。

计划经济时，每人每月粮票，县机关干部、教师、医师每人每月 27 斤，区乡干部 33 斤，居民 24 斤，大学生 33 斤，中学生 22 ~ 24 斤，儿童 15 斤。工人按工种：特殊工种 45 斤，重体力劳动工 37 斤，一般体力劳动工 30 到 33 斤，轻体力劳动工 27 斤等。每人每月肉票，肉票每人每月 1 斤（1 斤肉票可

图 4 – 19　1971 年湖北省地方油票

以买 1 斤鸡蛋），每人每月油票，这些票都是按人发放的：油票每人每月
0.25 斤。

　　这一政策取消了原有的农业产品自由市场，初期有稳定粮价和保障供应的
作用，后来变得僵化，严重地阻碍农业经济的发展。二十世纪八十年代改革之
后，该项政策被取消。

工业用油

油脂在工业和社会生产中的应用十分广泛。桐油可用于木船填缝和防腐；冶铁淬火时用油脂作为冷却剂效果更优；失蜡法铸造物件时，需用油蜡塑模；在建筑方面，用桐油与石灰调制成的油灰泥效果优良，可作防火材料、黏合剂、填缝等；在漏版印刷时，也需涂刷油脂……工业的发展、文明的进步，其中均有油脂的妙用与助力。

第一节 造 船 舱 缝

一、古代海船舱缝

中国自古与海为邻，造船历史也已有数千年，延续至今，其造船能力在世界范围内早已堪称登峰造极。追溯历史，夏商周两汉，隋唐宋元明时期，中国的造船能力又是怎样的呢？

中国有漫长的海岸线，仅大陆海岸线就有 18000 多千米。又有 6000 多个岛屿环列于大陆周围，岛屿岸线长 14000 多千米，它们绵延在渤海、黄海、东海、南海的辽阔水域，并与世界第一大洋——太平洋紧紧相连，这就为我们的祖先进行海上活动，发展海上交通提供了极为有利的条件。要进行航海活动就要有船只。我国的造船史绵亘数千年，早在远古就开始了。早在新石器时代，我们的祖先就广泛使用了独木舟和筏，并以其非凡的勇气和智慧走向海洋，为我国的航海业奠定了基础。据考证，在筏、舟、船发明以前出现的第一种水上运载工具，就是新石器时代我国东南部的百越人发明的。

桐油广泛用于木船填缝和防腐。《天工开物》记载制造木船时，"凡灰用以固舟缝，则桐油鱼油调。厚绢细罗，和油杵千下塞舱。"今译为："石灰用以填固船缝时，用桐油鱼油调和。先用细密的绢罗将石灰罗筛出细末，再调油舂和塞补。""凡船板合隙缝，以白麻斫絮为筋，钝凿扱入，然后筛过细石灰，和桐油舂杵成团调舱。"这种以桐油调石灰舱（音念）木船船缝的方法沿用至今，因为这是一种抗水性和结合力均极好的经久耐用的泥子。

二、三大造船高峰

1. 秦汉时期的造船高峰

秦汉时期，我国造船业的发展出现了第一个高峰。秦始皇在统一中国南方的战争中组织过一支能运输 50 万石粮食的大船队。据古书记载，秦始皇曾派大将率领用楼船组成的舰队攻打楚国。统一中国后，他又几次大规模巡行，乘船在内河游弋或到海上航行。

到了汉朝，以楼船为主力的水师已经十分强大。据说打一次战役，汉朝中央政府就能出动楼船 2000 多艘，水军 20 万人。舰队中配备有各种作战舰只，有在舰队最前列的冲锋船"先登"，有用来冲击敌船的狭长战船"艨艟"，有快如奔马的快船"赤马"，还有上下都用双层板的重武装船"槛"。当然，楼船是最重要的船舰，是水师的主力。楼船是汉朝有名的船型（图 5 - 1），如汉代楼船复原图所示，它的建造和发展也是造船技术高超的标志。秦汉造船业的发展，为后世造船技术的进步，奠定了坚实的基础。三国时期孙吴所踞之江东，历史上就是造船业发达的吴越之地。吴国造的战船，最大的上下五层，可载 3000 名战士。以造船业见长的吴国在灭亡时，被晋朝俘获的官船就有 5000 多艘，可见造船业之盛。到南朝时，江南已发展到能建造 1000 吨的大船。为了提高航行速度，南齐大科学家祖

图 5 - 1 汉代楼船复原图

冲之（429—500 年）"又造千里船，于新亭江试之，日行百余里"（《南齐书》卷五二）。它是装有桨轮的船舶，称为"车船"。这种船利用人力以脚踏车轮的方式推动船的前进。虽然没有风帆利用自然力那样经济，但是这也是一项伟大的发明，为后来船舶动力的改进提供了新的思路，在造船史上占有重要地位。

2. 唐宋时期的造船高峰

唐宋时期为我国古代造船史上的第二个高峰时期。我国古代造船业的发展自此进入了成熟时期。秦汉时期出现的造船技术，如船尾舵、高效率推进工具橹以及风帆的有效利用等，到了这个时期得到了充分发展和进一步的完善，而且创造了许多更加先进的造船技术。隋朝是这一时期的开端，虽然时间不长，但造船业很发达，甚至建造了特大型龙舟。隋朝的大龙舟采用的是榫接结合铁钉钉联的方法。用铁钉比用木钉、竹钉联结要坚固牢靠得多。隋朝已广泛采用了这种先进方法。

到了唐宋时期，无论从船舶的数量上还是质量上，都体现出我国造船事业的高度发展。具体来说，这一时期造船业的特点和变化，主要表现在以下几个方面。

（1）船体不断增大，结构也更加合理

船只越大，制造工艺也就越加复杂。唐朝内河船中，长 20 余丈，载人六七百者已屡见不鲜。有的船上居然能开圃种花、仅水手就达数百人之多，舟船之大可以想见。宋朝为出使朝鲜建造了"神舟"，它的载重量竟达 1500 吨以上。有的大海船载重数万石，舵长达三五丈。唐宋时期建造的船体两侧下削，由龙骨贯串首尾，船面和船底的比例约为 10∶1，船底呈"V"字形，也便于行驶。

（2）造船数量不断增多

唐宋时期造船工场明显增加。唐朝的造船基地主要在宣（宣城）、润（镇江）、常（常州）、苏（苏州）、湖（湖州）、扬（扬州）、杭（杭州）、越（绍兴）、台（临海）、婺（金华）、江（九江）、洪（南昌）以及东方沿海的登州（烟台）、南方沿海的福州、泉州、广州等地。这些造船基地设有造船工场，能造各种大小河船、海船、战舰。唐太宗曾以高丽不听勿攻新罗谕告，决意兴兵击高丽。命洪、饶（江西波阳）、江三州造船400艘以运军粮。又命张亮兵四万，乘战舰500艘，自山东莱州泛海取平壤。可见唐朝有极强的造船能力（图5-2）。到了宋朝，东南各省都建立了大批官方和民间的造船工场。每年建造的船只越来越多，仅明州（现浙江宁波）、温州两地就年造各类船只600艘。吉州（现江西吉安）船场还曾创下年产1300多艘的记录。

图5-2　唐代发明的轮桨战船模型

（3）造船工艺越来越先进

唐朝舟船已采用了先进的钉接榫合的连接工艺，使船的强度大大提高。宋朝造船修船已经开始使用船坞，这比欧洲早了五百年。宋代工匠还能根据船的性能和用途的不同要求，先制造出船的模型，并进而能依据画出来的船图，再进行施工。欧洲在十六世纪才出现简单的船图，落后于中国三四百年。宋朝还继承并发展了南朝的车船制造工艺。车船是一种战船，船体两侧装有木叶轮，一轮叫作一车，人力踏动，船行如飞。南宋杨幺起义军使用的车船，高二三层，可载千余人，最大的有32车。在与官军作战时，杨幺起义军的车船大显了威风。古代船舶多是帆船，遇到顶风和逆水时行驶就很艰难，车船在一定程度上克服了这些困难。它是原始形态的轮船。

3. 明朝的造船高峰

明朝时期，我国造船业的发展达到了第三个高峰。由于元朝经办以运粮为主的海运，又继承和发展了唐宋的先进造船工艺和技术，大量建造了各类船只，其数量与质量远远超过前代。元朝初期仅水师战舰就已有17900艘。元军往往为一个战役就能一举建造几千艘战船。此外还有大量民船分散在全国各地。元朝时，阿拉伯人的远洋航行逐渐衰落，在南洋、印度洋一带航行的几乎都是中国的四桅远洋海船。中国在航海船舶方面居于世界首位，它的性能远远优越于阿拉伯船。元朝造船业的大发展，为明代建造五桅战船、六桅座船、七桅粮船、八桅马船、九桅宝船创造了十分有利的条件，因而在明朝迎来了我国造船业的新高潮。

据一些考古的新发现和古书上的记载，明朝时期造船的工场分布之广、规模之大、配套之全，是历史上空前的，达到了我国古代造船史上的最高水平。主要的造船场有南京龙江船场、淮南清江船场、山东北清河船场等，它们规模都很大。明朝造船工场有与之配套的手工业工场，加工帆篷、绳索、铁钉等零部件，还有木材、桐漆、麻类等的堆放仓库。当时造船材料的验收，以及船只的修造和交付等，也都有一套严格的管理制度。正是有了这样雄厚的造船业基础，才会有明朝的郑和七次下西洋的远航壮举。总之，在经过秦汉时期和唐宋时期两个发展高峰以后，明朝的造船技术和工艺又有了很大的进步，登上了我国古代造船史的顶峰。明朝造船业的伟大成就，久为世界各国所称道，也是我国各族人民对世界文明的巨大贡献。只是到欧洲资本主义兴起和现代机动轮船出现以后，我国在造船业上享有的长久优势，才逐渐失去。

第二节　冶　铁　淬　火

一、冶金发展历程

关于中国冶金技术的发展历史，是科学技术研究的重要部分，它直接关系到了生产工具的改进，也就意味着古代社会生产力的提高和发展。中国古代之所以能够比欧洲早一千年进入封建社会，其中一个很重要的原因，就是中国古代社会生产力很早得到了比较高度的发展，这和当时中国冶金技术的高度发展是密不可分的。中国最迟到春秋晚期已发明生铁冶铸技术，这项发明比欧洲要早一千九百多年，欧洲直到封建社会中期（十四世纪）才推行这种技术。中国最迟在战国早期已创造铸铁柔化处理技术，已能把生铁铸件经过柔化处理变为可锻铸铁（即韧性铸铁），这又早于欧洲两千三四百年，欧洲要迟至封建社会末期（十八世纪中叶）才应用这种技术。当时我国由于生铁冶铸技术的发明，铁的生产率大为提高；又由于铸铁柔化处理技术的创造，使得白口铁铸造的工具变为韧性铸铁，大大提高了工具的机械性能（就是增强了工具的使用寿命）。战国、秦、汉时期，生铁冶炼技术有较快的发展，铸造铁器技术又有了长足的进步，铸铁柔化处理技术也达到了先进水平，因而韧性铸铁的工具特别是农具得到了广泛使用，这样当然有助于农业生产的发展。至少到公元前一世纪西汉前后，中国人民就创造了生铁炒炼成熟铁或钢的技术，这项发明又比欧洲要早两千多年，欧洲要到封建社会末期（十八世纪中叶）才创造"炒钢"技术。最迟在五—六世纪南北朝时期，我国人民又发明了"灌钢"冶炼法，这种以生铁水灌注熟铁的炼钢方法是中国人民独特的创造，这在世界钢铁冶炼技术发展史上是非常重要的。到唐宋时期，这种炒钢和灌钢技术以及锻造技术又有进一步发展。汉代开始冶铁并使用煤炭做燃料，到了北宋时期，已经有了以煤焦为燃料冶铁的明确记载。淬火技术在战国中期就得以运用，油脂作为冷却液的成分之一发挥着重要作用。供风形式也由自然通风到人力皮囊鼓风，再发展到了东汉初期南阳太守杜诗创造出的水利鼓风装置——水排。宋代又进一步发明了长方形的木风箱，进一步加大了供风力度，提高了冶炼温度，增强了冶炼的质量。

二、淬火油的变化

冶铁技术的发展包括铁矿石的冶炼、淬火处理、供风形式的改进以及后期柔化处理。淬火方法至少在战国时代已经发明。钢在淬火时，常用的冷却剂，除了清水以外，还有盐液、碱水和油脂等。在南北朝时期工匠已开始认识到这一点，并使用含有盐分的液体和动物的油脂作为冷却剂。中国的《北齐书》中记载，在公元六世纪就已对"宿铁刀""浴以五牲之溺，淬以五牲之脂"。说明古代工匠在两千五百年前就已知道用动物脂作淬火冷却剂比水的冷却速度慢，铸得的兵器比水淬更为坚韧，并且可以减少淬火过程中的变形和开裂。明末清初学者方以智《物理小识》卷七《冶铸》中也提到："生铁铸釜，补绽甚多……他处皆厚，必用黄泥豕油炼之，乃可用。"

随着金属材料和工业技术的发展，工件形状、尺寸变化日益复杂。单纯使用水、油和空气等冷却介质已不能满足淬火工艺的要求。进而使用了各种无机盐水溶液、熔融的盐碱和金属等热浴以及各种有机聚合物水溶液、浮动粒子等淬火冷却介质。有的还加入一些特种添加剂，成为具有各种性能的淬冷油。还有一种方法是用金属板夹持工件，使热量迅速传出而淬硬工件。

钢件淬火通常是为了获得马氏体组织。为此，将工件加热至奥氏体状态，随后以大于钢的马氏体临界冷却速度，通过奥氏体不稳定区域（一般碳素钢和低合金钢为 650～550℃，某些合金钢为 400～300℃），以避免奥氏体发生分解，当冷却至钢的上马氏体点以下时，过冷奥氏体才开始向马氏体转变。在马氏体转变区域，以缓慢的冷却速度进行，以避免产生较大的内应力，引起工件畸变和开裂。理想的淬冷介质的冷却性能应该是在钢的奥氏体不稳定区域，具有较快的冷却能力；而在马氏体转变区域，具有较缓慢的冷却能力。

钢件淬火时用得最多的淬冷介质是水和油。其他的还有各种无机盐水溶液，有机聚合物水溶液、熔盐、熔碱和熔融的金属、浮动粒子、空气和惰性气体等。

水是使用最广泛的淬冷介质，具有较快的冷却速度（以直径 20 毫米的银球测量，心部的冷速最高可达每秒 770℃）。在钢的马氏体转变区域，工件冷却得快，易畸变和开裂，故采用升高水温的办法使其冷却能力下降。对于形状简单的碳素钢和部分合金钢的淬冷，一般使用 20～40℃的水。

最早采用的淬冷介质油是动物油或植物油，后被矿物油所取代。油的冷却性能比较缓和，冷却速度较慢。工件在油中淬冷，产生的内应力比较小，因而不易出现裂纹。油温的变化对冷却能力的影响不大，油的黏度则是影响冷却能力的主要因素，黏度越高，冷却能力越低。普通淬冷油的使用温度为 20～80℃，高黏度的油可用于 160～250℃的马氏体分级淬火。合金钢多采用普通油进行淬冷。为了改善淬冷油的性能，除改进油的精炼过程外，大多在油中加入不同含量的淬冷剂、光亮剂和抗氧剂等添加物，制成可以满足不同工艺要求的淬冷油，如各种快速淬冷油，用于在可控气氛中加热的光亮淬冷油，以及适用于真空加热下的真空淬冷油等。

我国使用矿物油作为淬火油，开始于二十世纪五十年代。我国研制以矿物油为基的专用淬火油是从二十世纪七十年代开始的，历史约十年。主要研制单位是大连石油七厂研究所和天津市热处理研究所。该研究成果可用于生产普通淬火油、快速淬火油、超速淬火油、光亮淬火油、快速光亮淬火油、真空淬火油、等温分级淬火油、回火油等。

经过近三十年的实践证明，国产淬火油已经接近或赶上了进口的淬火油，而价格却低得多。最近几年，工业发达国家又回过头来开始研究以植物油为基的新型淬火油，用以解决环保和能源问题。

第三节　铸　造　失　蜡

铸造是指将金属熔化浇入铸型中以形成预定物件的技术，它是机械制造的基础，而铸造技术也是现代工业文明的支柱技术之一。铸造技术的发展历程是人类认识自然、利用自然、改造自然的文明发展史的重要组成部分。

中国的铸造技术有五千年历史，它的起源可远溯到新石器时代晚期。在漫长的历史进程中，我国勤劳智慧的劳动人民在长期生产实践中，通过不断积累和创新，在铸造技术上精益求精，历代铸造精品浩如烟海、美不胜收，为五千年灿烂的华夏文明史铸就了瑰丽的篇章。而以蜂蜡为主要模料的"失蜡法"铸造技术又是冶铸史上的一项重大发明。我国古代的精密铸造珍品，如：战国曾侯乙尊盘、西汉长信宫灯、铜奔马、明浑仪、简仪、清乾隆朝钟等，都是采用失蜡法铸成。现代机械制造业中广泛应用的"熔模精密铸造"技术也是根据失蜡法的基本原理和工艺发展而来的。

一、失蜡法铸造术

中国古代失蜡法铸造工艺是：先用易熔化的材料——黄蜡（蜂蜡）、松香、油脂（牛油、植物油）等按一定配比混合，制成欲铸器物的蜡模。由于蜂蜡（也包括白蜡、虫蜡）具有良好的热流动性和可塑性，可减少松香的脆性和黏性，而松香又具有收缩率小、强度和硬度高等优点，牛油等可降低蜡料的熔点和软化点，因此根据地区、季节和工艺要求，模料配比不尽一致。蜂蜡的比例可从 20% ~ 30% 到 50% ~ 70%。制作蜡模时可将蜡料碾压至与铸件壁相同的厚度，贴于预制成的泥质内范上，再用预先雕刻好下凹纹饰的模板在蜡料上压印，即可获得有凸起浮雕纹饰的蜡片（称贴蜡法）；也可将蜡料通过压、捏、拉、拨、塑、雕等手法，形成精妙、细致、扭曲以至透雕的纹饰和附件，黏焊于蜡模上（称拨蜡法）。蜡模成型后，在蜡模表面用细泥浆多次浇淋或涂刷，使紧贴蜡模形成泥壳，再涂上耐火材料（以黏土为主，混以植物纤维等），使之硬化成外范。内外范自然干燥后，用火烘烤铸型，使蜡油熔化流出，形成型腔。再往型腔内浇铸金属熔液。冷却，除去内外范。再进行修整、打磨和各种表面处理，如：着色、鎏金、鎏银、错金银等。

失蜡法简化了传统陶范铸造法的程序，铸件无分范痕、光洁度高、精密度高，可铸造形状十分复杂、纹饰十分精致，以至三维立体扭曲、倒斜度、具透雕效果的中小型艺术铸品，也可铸造形制巨大的艺术品。

现代航空航天、船舶、汽车、机床、电信、仪器仪表、刀具等精密机械制造行业，以及首饰、工艺品、雕塑等艺术铸造中广泛采用的熔模精密铸造法，是在古代失蜡法工艺的基础上进行了重要改进，采用机械化、自动化及电脑控制等先进手段，大大提高了生产效率。在制模材料方面，以价格便宜、来源方便、不易变质的石蜡代替了蜂蜡，还采用聚苯乙烯等塑料新材料。但为了改善模料的流动性，提高韧性和强度，往往还需要加入适量蜂蜡。

二、失蜡法的起源

失蜡法是在陶范法的基础上创造发明的。早期人们认为失蜡法最早起源于西亚和埃及，原因是公元前3000年西亚乌尔王陵中曾发现一张七弦琴之兽首为失蜡铸造，埃及第12王朝一具人像亦为失蜡制品。二十世纪七十年代以后我国先后在湖北曾侯乙墓、云南江川李家山、河南淅川下寺和浙江绍兴出土了四批重要的失蜡铸件。经专家反复研究和采用化学分析、金相鉴定后，在1979年全国铸造学会召开的传统精密铸造工艺鉴定会上，40多位专家反复讨论一致确认湖北随县战国曾侯乙尊盘上精美的透空附饰为失蜡铸件，后又确定了春秋晚期淅川下寺楚墓铜禁等也为失蜡铸件。在浙江绍兴306号战国墓发现春秋早期的伎乐铜房屋模型，其上堆塑的兽螭附件为失蜡铸件，因而认为失蜡法工艺出现于春秋早中期（公元前七世纪或更早），是中国自己独立掌握的技术，源出本土。

我国古代养蜂发展史也印证了中国当时已具备失蜡法产生的基础条件。从"北京人"到旧石器时代，我们的祖先在靠采集、渔猎为生的同时，也猎取野生蜂蜜和蜂子作为美食。从原始社会到奴隶社会和封建社会，随着农耕饲养生产方式的出现，人们慢慢地开始对蜂群略加照顾，由猎取转向原始方式饲养。公元前十一——六世纪民间诗歌《诗经·周颂》中有"莫予荓蜂，自求辛螫"之句；春秋战国时已出现了"蜂"和"蜜"的文字；在同时期，我国最早的古自然地理著作《山海经·中次六经》中画有一个双头人，旁边有两只蜜蜂，文字说明为此人名曰"骄虫"，实为"蜜蜂之庐"，这很可能是我国原始蜂桶的最早描述，反映了春秋战国时期已有人工饲养蜜蜂的雏形。但不论是猎取野生蜂蜜还是从原始蜂桶中割蜜，人们在获取蜂蜜的同时也取得了大量的蜂蜡，在对蜂蜡易熔性和可塑性等优良物理特性不断认识的基础上，创造性地将其用于当时鼎盛的青铜器铸造，应该是顺理成章的事。

三、失蜡法的发展

我国失蜡技术出现虽晚于两河流域，但我国失蜡铸造技艺的高超和取得的成就，在世界上是无与伦比的。

湖北随县（今随州市）战国早期曾侯乙墓出土的花纹极为繁缛精致、精美绝伦、玲珑剔透的尊盘，和同时出土的曾侯乙编钟的钟笋及虡座铜套上高浮雕龙体，弯曲蟠绕、自由穿插、富丽堂皇，表现手法浪漫、极富想象力，反映了楚文化地区失蜡铸造工艺的高超，堪称中国古代失蜡铸造史的里程碑作品，也是世界青铜文化中屈指可数的珍品。

战国时代失蜡铸造技术传播区域已相当广泛，从长江中游楚国、曾国，北方的中山国，东部的吴国、越国，到西南边远的滇族等，都制作出各具地方特色、技艺精湛的失蜡铸件，远远超过当时世界其他文明古国所达到的高度，成为我国失蜡铸造史上一个光辉灿烂的时代。

自汉朝起，我国蜜蜂饲养技术逐步形成和不断进步。东汉时期，皇甫谧《高士传》（215—282 年）中第一次出现关于我国养蜂业的确切记载："姜歧……遂以畜蜂豕为事，教授者满天下，营业者三百余人。"可见当时养蜂业已开始发展普及。以后西晋张华的《博物志》（300 年），郑缉之《永嘉地记》（五世纪），韩鄂《四时纂要》（唐朝末年），王禹偁《小畜集》（1000 年），元司农司《农桑辑要》（1273 年），王祯《王祯农书》（1313 年），刘基《郁离子·灵邱丈人》（十二世纪）等，直至明朝宋应星《天工开物·蜂蜜》，作为对一项生产技术的系统记载，都包含了大量对蜜蜂生物学和养蜂技术的描述，反映了我国养蜂的发展普及和技术水平的提高，同时也表明了失蜡铸造所需的蜡料来源已相当充足。

汉代的失蜡铸件向实用器物发展。例如镜背纹饰清晰精致的铜镜，印纽玲珑剔透的印玺，造型生动活泼的灯具，多用失蜡法制作。其中，河北满城汉墓出土的错金铜博山炉、长信宫灯、云南晋宁石寨山出土的滇王金印、贮贝器、甘肃武威东汉张胜将军墓出土的铜奔马和铜车马俑，均属其中的精品。长信宫灯通体鎏金，设计巧妙，灯盘可转动，灯罩可开合，以调节光强度和方向，油烟通过宫女右手进入体内水中，其中宫女的头、右臂、身躯连同左手均由失蜡法铸成。铜奔马体态雄健，昂首嘶鸣，三足腾空，一足踏在一只回首的飞燕上，如天马行空，其生动传神、富于浪漫构思的艺术形象，已被作为当代中国的旅游标志。杀人祭祀贮贝器盖上的 127 人，有奴隶主、武士、乐队、舞队、织布的奴隶、房屋、铜鼓及各种动物，均为失蜡铸件。铜车马俑共 126 件，有车马仪仗、骑俑、武士和奴婢俑，其形态比秦兵马俑更为传神。东汉时，中国的失蜡铸造技术已东传至朝鲜和日本。

汉以后的三国、魏晋、南北朝盛行佛教，使佛像成为具有时代特色的铸铜器件，其中造型复杂者多用失蜡铸造成形。包括秀骨清相的北魏佛像，婉雅俊逸的隋代佛像，庄严慈祥、肌体丰润、容仪婉媚的唐代佛像，元代细腰高髻的梵式造像，无不装饰华丽，手指纤细，线条流畅，表现了失蜡铸造在塑造人体方面的高超水平。

唐初，藏王松赞干布迎娶文成公主为后，中原的佛教，汉族的文化艺术和工匠都带到了西藏。传世的宋、元、明、清鎏金铜藏佛，从造型的精致、手指形态的准确、表面的光滑完美，反映出西藏的失蜡铸造技术也有相当高的水平。

世界上最早记载失蜡铸造工艺的文献是南宋赵希鹄的《洞天清禄集》，书中简介了工艺的全过程："古者铸器，必先用蜡为模……"

失蜡法还应用于古代大型天文仪器的铸造。北宋时制造了 5 架天文仪器——浑仪，每架用铜约两万斤，但先后被毁。元代郭守敬主持建造的元大都天文台，其中的一台天文仪器——简仪，规模之巨大，结构之复杂，超过了北宋的浑仪。现存南京紫金山天文台的是明朝复制品简仪，其龙柱和云柱半圆弧长约达 6.7 米，上铸精美的龙纹，实为罕见的高难度大型失蜡铸件，令人叹为观止。

元代还出现了一批著名的民间失蜡工艺铸造师。其中佼佼者朱碧山创作的"银槎杯"（现由北京和台北故宫博物院分别收藏），蜡模雕刻技艺十分精湛，整体构图优美，犹如一幅国画。

明代失蜡铸造技术达到了又一高峰。永乐年间铸造的武当山金殿，其中失蜡铸造构件之精巧，金殿内真武帝君、金童、玉女、太乙、天罡等道教神像造型的准确传神，质感之强烈，表面质量之良好；造型典雅、表面装饰淋漓尽致地表现金属色泽美的"宣德炉"；北京故宫太和门前整体铸造铜狮的精致与宏伟，以及浑仪和简仪的巨大和复杂，都是前所未有的。

明代科学家宋应星所著《天工开物》的冶铸篇中有关失蜡法整体铸造"万钧钟"等大型器物的记载（图 5－3 和图 5－4）："掘坑深丈几尺……其模骨用石灰、三合土筑……干燥之后，以牛油、黄蜡附其上数寸。油蜡分两：油居什八（即 80%），蜡居什二（即 20%）。油蜡墁定，然后雕镂书文、物象，丝发成就。然后舂筛绝细土与炭末为泥，涂墁以渐而加厚至数寸。使其内外透体干坚，外施火力炙化其中油蜡，从口上孔隙熔流净尽。则其中空处即钟鼎托体之区也……洪炉熔化时……从槽道中枧注而下，钟鼎成矣……"用地坑造型方法制作大型失蜡铸件的工艺过程，在现代熔模铸造技术中尚未有先例。现存于北京大钟寺的清代"乾隆朝钟"，重达 3108 千克，为《天工开物》"万钧钟"失蜡工艺的实物证据。

清时宫廷派出专职采蜜人"蜜丁"到长白山原始森林中采椴树蜜，康熙乾隆年间，打牲乌拉总管衙门每年派出"蜜丁"数百人，向宫廷上交生蜜 5～6 千斤及大量蜜脾，除蜂蜜供宫中享用外，蜂蜡就是宫廷失蜡艺术铸造用料的来源之一。清廷内务府下设造办处，掌管各种作坊。乾隆四十年（1775 年），内务府为承制宁寿宫用铜龟两件，在有关奏折档案中记载，用工："拨蜡匠二百四十三工……用料：黄蜡一百五十五斤十两……"

清代康乾时期，经济繁荣，失蜡铸件普遍应用，造型艺术虽显烦琐堆砌，但铸造技术和精雕细刻却表现出高度的成就。北京故宫、颐和园、古观象台、承德避暑山庄和青海湟中塔尔寺等处的铜铸器物集中代表了清代各时期失蜡铸

图 5 – 3　《天工开物》中描述的用牛油、蜂蜡等材料塑蜡模的场景

图 5 – 4　《天工开物》中铸"万钧钟"时熔炼和浇铸的场景

造的水平，突出的佳作有北京颐和园的铜亭、古观象台上的黄道经纬仪、乾隆八十大寿的金编钟等，后者共 16 件，460 千克重，钟体上游龙戏珠于流云海涛之中，华丽庄重，音色纯美明亮。

《天工开物》记载："凡造万钧钟与铸鼎法同……干燥之后，以牛油黄蜡附其上数寸。油蜡分两：油居什八，蜡居什二……塑油时尽油十斤，则备铜百斤以俟之。"大意为：铸造万斤以上的大钟和铸鼎的方法相同，挖掘一丈多深的地坑，保持干燥，并把它做成像房舍一样。然后用石灰、泥和细砂调和，使内模做得没有丝毫的裂缝。待干燥后，用油蜡涂覆在上面约几寸厚。油蜡的配方是：牛油占十分之八，黄蜡占十分之二……塑模的时候，如果用去十斤油蜡，就要准备一百斤铜。这是一种用油蜡塑造铸形的失蜡的方法，可见明代的铸造工艺在当时居于世界前列，而且这些基本原理，至今还是适用的。

第四节　建　筑　油　灰

一、建筑油灰应用

中国古建筑施工中经常会用到一种灰浆称作油灰。油灰顾名思义是含有油脂的灰浆，这其中的油脂具体就是指生桐油。

桐油是将采摘的桐树果实经机械压榨、加工提炼制成自干性天然植物油，它具有干燥快、相对密度轻、光泽度好、附着力强、耐热、耐酸、耐碱、防腐蚀、不导电等特性，还具有良好的防水性。桐油在中国古建筑中被大量使用，是中式建筑施工中不可缺少的重要材料。

桐油分生熟。生桐油是指直接从桐树籽中压榨出来，未经加工处理的油脂，熟桐油是指生桐油加入土子或章丹，经高温熬制而得到的油脂。熟桐油主要用于古建油饰地仗施工时配制油料或地仗的材料，用生桐油配制的灰浆称油灰，主要用于古建瓦石施工的严缝、勾缝或粘接使用。

（一）各种常用油灰的用途和配制

油灰分软硬两种，软油灰用于墁砖地面，严砖缝用，用桐油生石灰面、白面黑烟子合成。硬油灰用于粘接，可以起到防水作用。过去没有水泥，砖活粘接严缝都用油灰调料成分，比软油灰增加麻刀一项。和灰时不放水，只用桐油和用木棍子使力砸瓷实，所以称硬灰，亦可用粉石灰。王璞子在《工程做法注释》一书中只给出了油灰的组合成分和用途，并未给出具体配比数值。

（1）细墁地面转棱挂灰配合比及制作要点，细白灰粉（过箩）面粉。烟子（用胶水搅成膏状）加桐油搅月白灰，面粉:烟子:少量的白矾水:桐油 = 1:2:（0.5~1）:（2~3），灰内可兑入青灰面代替烟子用量。根据颜色定。

（2）宫殿柱顶等安装铺垫勾栏等石灰勾缝，配合比及制作要点：泼灰:面粉:桐油 = 1:1:1，说明：铺垫用应较稠，勾缝用应较稀。

（3）宫殿防水工程勾缝：油灰加桐油，油灰:桐油 = 0.7:1，如需除麻，麻量为0.13，麻刀油灰：用途叠石勾缝，石活防水勾缝，配合比及制作要点：油灰内掺麻刀。用木棒砸匀，油灰:麻刀 = 100:（3~5）。

刘大可老师在《瓦石营法》一书中给出四种油灰的具体用途和详细配比，但未叙述配制的操作过程和工艺，《清工部工程做法》石作用料卷五十二中说明石缝油灰勾抿规定用料："凡石缝油灰勾抿折宽一尺五分，长一丈，用白灰二十斤，桐油五斤。"

《清工部工程做法》卷五十三中记载，各项砖瓦用料中现定二尺金砖，漫地油面挤缝，每个用桐油二两，白面二两。尺七金砖每个用桐油一两五钱，白面一两五钱，尺四方砖每个用桐油一两二钱，白面一两二钱，尺二料半砖，每个用桐油一两白面一两。工程做法一书中准确给出每种规格砖料所用油灰材料的相应用量，但未指出是否添加白灰和烟子，也没有相应用量和具体配制方法。

对地面漫砖所用油灰的表述是"油灰的材料是面粉、细白灰粉（要过绢箩）、烟子、桐油，按1:4:0.5:6搅拌均匀，烟子事先要用融化了的胶水搅成膏状"。

对其他结构的维修部分有这样的内容"宫廷中细漫勾缝常用油灰，白灰和生桐油的质量比为1:1（或加少许白面）"。

通过以上几种对油灰材料组成与配比的比较权威的论述可以发现以下几个特点。

（1）材料的组成比较一致，即桐油、白面、白灰、烟子。

（2）配合比方面差异性较大，以白面与桐油的配比为例，《工程做法注释》中未给比例，《清工部工程做法》中给出的比例是1:1，刘大可老师《瓦石营法》一书中给出的比例是白面:桐油 = 2:（2~3），略高于1:1的比例，《中国古建筑修缮技术》一书中给出的比例是白面:桐油 = 1:6。祁英涛先生给出的说法是在白灰桐油配成的油灰里或加少许白面。这少许二字只怕是与1:6比例只低不高。

再看白面与桐油的比例：《工程做法注释》中未给出比例，《清工部工程做法》中没有提及，刘大可老师《瓦石营法》一书中给出的比例是1:（2~3），《中国古建筑修缮技术》一书中给出的比例是1:1.5，祁英涛先生给出的比例是1:1。总结以上数据，可以看出白面与桐油的比例在桐油用量一定时，白面的用量由少许到0.17:0.67:1 到1:1，白面用量最高的是祁英涛先生的配比1:1。

（3）均未给出具体的配制工艺及质量要求，《工程做法注释》中提到和灰时不放水，只用桐油和用木棍子使力砸瓷实。

通过以上分析，油灰的配比与使用在古建筑这棵参天大树中属于枝叶末节，不被重视，古文献记载中也未做出专门论述。由于没有文字记载，所以油灰的配制方法和调制工艺只在众多匠师门派内口传密授，不为外人所知。施工环境所限制，过去建造民居的师傅极少有机会亲手建造皇家建筑，因此对皇家建筑的材料配比也不会有较为详细地了解。而对自己亲自参与建造的建筑的材料配比，就有比较全面和深入地掌握，使用也比较娴熟，另外这些内容只在本门内流传，甚少与其他门派交流；也是最重要的一点，以上这些配方都是针对不同施工对象，根据特定的施工条件和要求进行配制的，也就是说他们都有鲜明的针对性，都是当时施工时，最符合实际的配方。

首先我们知道油灰是由生桐油、生石灰粉、白面、黑烟子合成，这一点在《工程做法注释》中有非常明确的说明，而其他几个配方也不尽相同，只是刘大可老师在配方说明可用青灰面代替烟子。那么生桐油、生石灰粉、白面、黑烟子在油灰中都起什么作用呢？

（1）桐油：油灰中最重要的原料。油灰中用它，取其交结、防水、耐酸、耐碱、耐腐蚀、增硬、坚韧等特点。

（2）白面：取其柔韧黏结力好、延展性强、合易性好等特点。

（3）白灰：本文提及的配方当中只有《工程做法注释》一书中特别指出要用生石灰粉。其他配方只说是白灰。

（4）烟子：又名锅底灰，学名百草霜，为稻草、麦秸、杂草燃烧后附于锅底或烟筒的黑色烟灰，状态为黑色粉末，或结成小颗粒状手捻即为细粉，入水则飘浮分散，以乌黑色、质轻细、无杂质者为佳。烟子在油灰中的作用是体色，主要用于泼墨钻生的地面。不做泼墨工艺的地面，现在基本上用青灰或氧化铁黑代替了。

（二）油灰的调制及应用

1. 宫殿渐转坦地油灰

宫殿砖缝仔细，对油灰的要求是软黏柔韧。软：便于上缝操作，严缝不用太费力就能到位；黏：有好的黏接力，挂灰条时不脱落；柔：有很大的延展性，挂灰时不坠不断；韧：有韧性在一定范围内时不发生脆断。油灰配比：白面:生桐油为1:1加烟子适量，油灰的原料与调制见图5-5。

油灰配制的工艺：

（1）先确定所漫地面是否泼墨处理。

（2）在所有砖的侧面按照施工要求做泼墨钻生，或不泼墨只钻生做法的

（1）桐油

（2）白面   （3）白灰

（4）烟子   （5）拌和后的油灰

图 5-5　油灰的原料与调制

样品色标，根据样品色标颜色的深浅确定烟子的添加量，以油灰干后颜色等于或稍重于样品色标颜色为宜。

（3）白面和生桐油取 1:1 的量比按一天所漫砖块数量和每块砖油灰用量确定当天油灰调制量。

（4）调制烟子：烟子倒入合适的桶中用软纸盖好倒入酒精，使酒透过软纸渗入烟子，渗透后用开水浇澈。倒出浮水，加入生桐油，用油棒捣出水，用毛巾将水吸干。

（5）等量生桐油倒入适量烟子油膏搅拌在放置等量的白面的桶里，随倒油随用木棍搅拌，待搅拌到没有干面粉时，微调烟子油用量使颜色符合要求，然后用木棍搅拌直至桐油与面粉的疙瘩感觉调和好后，用木剑之式，挂灰时达到不断条，不流坠即为合适。如过干或者过稀就用微加油或加面的方法进行微调，使之符合使用标准。

2. 一般建筑漫地用油灰的调制

一般建筑也有等级高低之分。等级越高，砖缝越窄，等级越低砖缝越宽。对油灰的要求是坚韧密实。坚韧：要有一定的物理强度；密实：不能松散。

油灰配比：在这一类油灰里增加了白灰，在几个比较权威的配方里，白灰用量的差别最大。为什么会出现这种状况？哪一个最合理呢？通过对配方的分析，我们认为都合理。造成差异的原因是使用的对象不同。下面我们试着分析一下建筑等级与油灰中的白灰用量的关系。《中国古建筑修缮技术》一书提供的配方配比是1份白面比4份白灰，相比较，白灰的添加量增大了很多。为什么这样？因为《中国古建筑修缮技术》一书主要是针对北京地区的民居建筑，这些民居虽然未必高级，但也相对精致，所漫地面砖缝宽度1~2毫米，所以必须适当地添加一些白灰以满足其充填空间和增加强度的需要。再试分析祁英涛先生的配方白灰:桐油=1:1，完全没有白面。通过对比以上几种情况，可以得到以下几个结论。

（1）油灰的配比是一个指导原则，要根据施工对象调制适合的油灰，万不可教条地使用一个配合比。

（2）油灰中白灰的添加量是根据砖缝宽度决定的，砖缝越宽加入白灰的量就要相应的越大，越小则越少。

（3）油灰调制工艺中需要注意的几个问题：首先，桐油一定要选择优质生桐油，最稳妥的方法就是到正规商家去购买。其次，石灰一定要用上好的灰块淋水消解然后过细箩，用新消解的生石灰粉调制油灰效果最好。最后，白面，如果所漫地面长期潮湿则掺加白面的油灰会出现发霉长毛变黑的现象。

油灰是古建施工中常用的一种油脂灰浆，以前由于各种原因致使油灰的配制只在工匠小范围内口口相传，没有形成一个比较成熟的工艺工法和质量标准要求。

二、建筑油饰彩绘

自宋代以来，传统油饰彩画的工艺已见诸于著作之中，为传统彩画制作工艺所涉及成分的科学分析提供了依据。尽管文献记载的油饰彩画工艺因种种原因出现的种类很多，但工艺中所涉及的原料基本稳定。这些基本稳定的用料反映了这些原料在彩绘中起到了决定性作用。依据文献记载，本研究将按照原料所起的作用对有关理化指标进行科学分析。

在木构件表面进行彩绘前对其表面找平，并做的一层底子称为地仗。事实上，并非所有传统彩绘均有地仗。现存的唐宋建筑一般是在柱子上直接刷漆的。而元代出土文物曾见到木柱表面残留灰泥的情况，表明元代已有地仗处理的工艺。元代以前的情况尚不清楚。明代修建宫殿，重要的建筑多用楠木，木构件加工后表面细滑，彩绘前就免去了地仗的工序，在民间建筑中则见到薄薄的油灰地仗。早期的地仗大都是在木料上包一层夏布或细麻布，用面粉或豆面调和桐油紧附在木骨表层上，形成一层薄薄的地仗。清代以后，由于大木难得，工匠又多用拼帮的做法，木材表面粗糙或多缝隙，以砖灰、麻为主的地仗层逐渐加厚，出现了二麻六灰、二麻一布七灰、一麻五灰、一布四灰、三道灰、两道灰、单皮灰等做法。制作地仗相当于在木质表面制作一层平整的类似木质的表面层。因此，较为明确的工艺目的必然会要求在用料以及工艺制作的细节上满足此目的。也就是说，这样的用料和工艺与由此产生的地仗性能息息相关。地仗的性能与所用原料的理化性能以及物料间的相互作用密不可分。为此，本研究旨在对地仗制作中所涉及的原料的相关理化指标进行分析。同时，结合传统彩绘工艺对物料间的相互作用进行研究。此研究对于深刻认识传统彩绘工艺中的科学基础，使传统彩绘修复与保护科学化，丰富和开发现代功能性复合材料等方面具有重要理论和应用价值。

从构筑地仗的目的不难看出，地仗用料涉及粉末材料、纤维材料以及液体材料。地仗的出现，乃至多重工序的地仗工艺的出现，实际上与当时彩绘木料的现状有关。但无论如何，实施地仗工序用料首先要含有一定黏性，且能够干结硬化，以便牢固地与木料相结合，不易脱落或破裂。这种特性必然与地仗中各种用料在其中发挥着既独立又协同的作用有关。同时与实施工艺过程有关。本研究主要围绕地仗所用物料基本特性以及影响物料间可能相互作用的物理化学参数的测定，以期得到有助于传统工艺科学化研究的基本参数。为此本研究实施了基于物料间相互作用的微观结构特征揭示其科学性内涵和基于性能与微观结构关联性揭示传统工艺科学化的研究思路。该技术路线的基本思想是：对地仗制作中各物料间的相互作用从微观形貌、分子结构演化、结晶学性质、化学反应性能等方面获得微观结构信息，从而揭示微观结构特征。基于结构决定性质的基本研究思想，通过检测材料相应性能，并将性能与微观结构进行关联，从而得到传统工艺中蕴涵的科学道理。

建筑油饰彩绘从桐油炼制、新鲜猪血处理、砖粉筛分、麻纤维处理与使用方法、木构件表面处理、油满制作、灰料制作、地仗制作、地仗表面处理到彩绘与贴金实施等全过程如图5-6所示。该过程不仅让人们对传统工艺有了感性认识，同时也对传统工艺物料选择与复配有了更深层次地了解。

图5-6　建筑油饰彩绘的工序

第五节　漏 版 印 刷

漏版印刷是人类历史上应用最早，对后代丝网印刷启示最大的一种印刷术。千百年来，中国古代的漏版印刷一直在宫廷与民间广为流传，主要用于图像花纹印刷与印染，是中国古代传统印刷术中值得重视的印刷技艺之一。

漏版印刷的制版、刷印技术与雕版印刷相比较为独特。从印版的制作方法上看，普通的雕版印刷是在较为细腻的木板上用锋利的钢刀刻出反体阳文；而漏版是在木板或经过处理（涂上漆或油类）的动物皮、纺织品或纸版上，刻或刺出正体的镂空花纹。从刷印的方法上看，普通的雕版印刷是将颜料如墨汁先刷在刻好的版面上，然后将待印的纸张等承印物覆盖在刷过墨的印版上，用擦子在纸背擦印，使版上的墨迹转印到承印物上；而漏版印刷是将印版放在承印物上，用刷或刮的方法使颜料通过印版上预先刺或刻出的孔隙直接漏印到承印物上。从印版与承印物上印迹的相互位置来看，普通雕版印刷的印版与承印物上的印迹是镜像关系；而漏版印刷的印版与承印物上的印迹则完全平行重叠。雕版印刷主要以印刷书籍为主，而漏版印刷多以图像和花纹的复制为主。

从漏版镂空的技法不同可将漏版分成镂空与针孔两种。镂空版的印刷物出现很早，但镂空版存世较少，年代也较晚；现存最早的针孔漏版及印刷物为现藏英国不列颠图书馆的唐代敦煌千佛洞的纸制针孔漏版及其漏印佛像。这些纸质针孔佛像漏版与漏印佛像构图复杂、线条流畅，充分展现了我国唐代宗教绘画的艺术水平与针孔漏版的制作和印刷技术水准。

一、漏版印刷的起源与演变

我国漏版印刷最早起源于何时，目前虽因证据不足还难以判定，但利用雕刻等手段制作漏版并用于织物印花却不迟于春秋战国时期。1978—1979 年，考古工作者在江西贵溪县的春秋战国之交的崖墓群中发现了几块印有银白色花纹的深棕色苎麻布，同时还出土了两块断面楔形、平面长方形的薄板。经有关专家认定，这些麻布上银白色的花纹是用漏版印刷而成，从出土麻布上印刷的花纹来看，当时的漏版印刷技术相当高超，不仅漏版镂刻手法精巧细腻，而且在刮板上色时还可能使用了丝网覆盖。"印花的程序大致是织物经过煮炼、染色之后，即行整理熨平，再铺贴于平滑坚实又略有弹性的垫板上，然后用型板印花"，而两块断面楔形、平面长方形的薄板，就是刮浆板。以上事实证明，我国人工镂刻漏印型版并从事漏版印刷至少可以上溯到春秋战国时期。

秦汉之间（公元前 220—公元 8 年）漏版印刷技术有了进一步提高。宋代高承在《事物纪原》中说："织，事始曰，夹缬……秦汉间有之，不知何人造"。所谓"夹缬"是指一种较为高级的两面漏版印刷技术。照字面解释，"夹"是从两方面相对夹持；"缬"的释义较多，但与印染有关的主要有两点，其一为古代的一种印染方法，如唐玄应在《一切经音义》卷十中说到的"缬，谓以丝缚缯染之，解丝成文曰缬也。"其二是指有花纹的丝织品，如《往篇·丝部》："缬，彩缬也。"《魏书·高阳王雍传》："奴婢悉不得衣绫缬，止於缦缯而已。"由此可见，夹缬应理解为将丝织物夹在两块镂刻花纹相同的漏版之间，从两面对织物施印花纹的印染工艺。从印刷技术上看，用两块型版夹紧织物后进行漏印，实为一种可以实现两面花纹精确套印的工艺，比用一块型版印两次更为先进。因此，夹缬印花技术较贵，溪县鱼塘公社仙岩春秋战国崖墓群中的印花布工艺更加先进也更加复杂，显然是在单块型版漏印出现一段时间后，经过不断地实践与改进而达到的更高层次。

唐代的夹缬技艺达到很高水平，在民间与宫廷都得到了广泛应用。白居易在《裴常侍以题蔷薇架十八韵见示，因广为三十韵以和之》中有"合罗排勘缬"，《玩半开花赠皇甫郎中》就有"成都新夹缬"。吐鲁番出土的唐代文书中亦记有夹缬被子。宋人王谠在《唐语林》中也说唐玄宗时"柳婕好有才学，上甚重之，婕好妹适赵氏性巧慧，因使工镂板为杂花之象而为夹缬，因婕好生日献王皇后一匹，上见而赏之，因敕宫中依样制之。当时甚秘，后渐出，遍于天下。"从保存至今的唐代漏版印花织物的质量来看，当时的夹缬漏版印花，纹饰纤细，线条流畅，花样美观，造型和谐，工艺十分精巧。如标本"72TAM187：15 大红地印花绢共三片，A 片长 15 厘米、宽 53 厘米；B 片长 20 厘米、宽 32 厘米；C 片长 19 厘米、宽 21 厘米。BC 原是一片断裂成两片。织物组织是 1:1 平纹，经 60×纬 40 根厘米，质薄，手感比较柔软。染作大红色地，显纤巧细丽的白色六瓣小团花。每花直径 1 厘米，约以 2 厘米的间隔，作比较均匀的四方连续，遍布于织物上。构成花心的圆圈线条宽约 1 毫米，中央的保留点直径也只有 1 毫米。花样采用了连续纹样。标本表里清晰，有明显的花版痕迹。"对此种印花版的形制，武敏曾认为印花版是用一种特别的纸版镂刻的，后来认为使用的不是单层软纸花版与镂空木花版，而有可能是把两片同样花纹的镂空版分别贴在两块大小相等、紧绷于木框的纱罗底上，然后直接把纹样用油漆之类（作为隔离层）描绘在纱罗上。前者仍然使用间歇纹样，后者可以采用连续纹样。这种用油、漆在纱罗上直接描绘出连续状纹样的做法，使原来漏版中必需的连接点失去了存在的意义，标志着漏版印刷技术产生了新的飞跃。有关夹缬印染的方法，估计采用跳染方法。此法的优点是在连续印花过程中，可避免上一版未干的浆料被下一版的版框等叠压而造成花纹模糊。武敏先生曾对夹缬筛罗花版进行了复原设计，成功地复制出与唐代夹缬印花特点相同的作品。

二、敦煌千佛洞纸制针孔漏版

现藏英国不列颠图书馆的敦煌纸制针孔漏版及其漏印佛像是现存年代最早的针孔漏版及印刷物。这些纸质针孔佛像漏版与漏印到纸上的佛像构图复杂、线条流畅，不仅充分展现了我国唐代宗教绘画的艺术水平，而且也为研究唐代的纸质针孔漏版及其漏印技术提供了最有价值的实物材料。

从敦煌针孔漏版纸基的厚度与形态特征推断，其纸基应当是由多层单张纸经过裱糊、施胶、碾砑处理而成。理由是中国古代传统手工制造的纸张由于通常采用抄纸法生产，因而，抄造出的纸比较单薄松软。若想用这种纸制作成针孔漏版，必须经过裱糊加厚，添加胶料并经碾砑使其坚韧。我国纸张加工的历史十分悠久，从文献来看，先民们在三世纪时就已能很好地对纸张进行涂布与施胶，如新疆发现的晋代（265—420 年）古纸，就已先用石膏涂布，再施用地衣制成的胶料。近年研究发现，四世纪末及五世纪初期的纸张正面已用粉浆涂布，并以石砑光；敦煌及新疆发现的五世纪初期的纸张也有在纸浆中施胶的现象。据中国造纸研究所二十世纪七十年代配合中国社会科学院考古所对一些唐代文化用纸的分析研究结果，"其中两件较厚的纸样，如唐'大历十五年'纸样及'唐纸残片'纸样，纸页紧密而帘纹不清，估计是将两层纸复合起来，经施胶、捶打加工而成，这样纸性更加坚韧。"通过裱糊黏合并经施胶、捶打或碾砑将单薄松软的普通手工纸加工成坚韧的特殊漏版用纸的技术，在唐代有所应用是有相关技术支撑的。

从敦煌针孔漏版质地推断，漏版应该经过涂刷油漆处理。由于我国古代漏版印刷所用颜料主要以水作为分散剂，为防止漏印纸版吸水后变软变形，在纸版上涂刷防水的漆、桐油、梓油等是最好的方法。我国使用漆的历史非常久远，可以上溯至新石器时代的河姆渡文化。我国使用桐油与梓油的历史也较为久远，如《诗经·鄘风·定之方中》中已有"树之榛栗，椅桐梓漆"之句。另外，即使不使用水性颜料，为了使纸制漏版保持较强的坚韧性与形态的稳定性，在漏印纸版上涂刷油与漆也是最好的方法之一。

从敦煌针孔漏版的针孔通透性推断，其漏版应该是先涂刷油、漆并干燥后再用针扎出许多小孔。由于大漆、桐油、梓油都是具有一定黏滞性且表面张力较大的液体，若先在纸版上扎出小孔后再涂刷油、漆，原来已经扎好的针孔就会因涂刷油、漆而封堵，除非在油、漆干燥后再重新扎孔，这种操作工序显然不太合理。采用先在纸基上涂刷油、漆并干燥，使纸质漏版变得坚韧且具有良好的保型性后，再依据要复制的图案在纸版上扎出小孔，就可以保证扎出的小孔不易收缩与变形，从而保证漏印的花纹清晰。

从敦煌针孔漏版印刷实物推断，其漏版在印刷时表面极有可能覆盖了一层丝网。从保留的实物与模拟实验的结果来看，如果不覆盖丝网直接在纸制漏版上刷墨会因为纸制漏版此起彼伏造成漏在承印物上的墨点位置发生偏移，且有墨点浓淡不匀的现象，漏印效果并不理想。但如果在纸制漏版上加丝网覆盖后再刷墨，一方面可使纸制漏版表面平伏在承印物上，另一方面便于刷墨操作，使墨汁能均匀地透过针孔到达承印物上，获得较好的印刷效果。虽然目前没有发现敦煌纸制针孔漏版印刷时使用的丝网，但从印刷效果来看，极有可能使用了丝网覆盖。

唐代敦煌千佛洞针孔漏版是用多张单层纸张经过裱糊碾砑后，涂上油、漆制成版基，然后再用针在版基上按照复制图案的线条依次扎出一个个小孔。为了保证图案的准确，制作者必须将针孔扎在线条的中心线上，并尽量保证扎出的针孔大小相同，这样才能使印出的墨迹与原图案线条轮廓相一致，便于勾描。其印刷工序是先将漏版覆盖在承印物如纸、丝绸、墙壁上，并在印版上覆盖丝网，然后用刮板隔着丝网刮涂，使颜料通过针孔印到承印物上。由于针孔漏版的针孔很小，要想用毛刷或刮板将颜料从针孔漏到承印物上，显现出均匀连续的墨点，在漏版表面覆盖一层丝网后再刷或刮色是非常必要的，否则容易出现印版位置移动、墨点不清晰、位置不准确等问题。勾描是针孔漏版印刷的最后一道工序，需要操作者具有较高的绘画基础与娴熟的勾描技巧才能将漏在承印物上的一个个小墨点勾描成一根根流畅的线条，并将这些线条最终组合成为一幅艺术魅力很强的漏版印刷作品。由于针孔漏版印刷技艺从制版到印刷较为简便，应用范围很广，小到几厘米的绣花图案、大至数尺的画卷，都可以使用这种方法进行复制，但在印刷书籍方向却未见有先例。

油脂的其他应用

　　除了生活用油和工业用油，油脂还广泛应用于人类社会的方方面面，比如在农业生产中，油脂可用作农作物病虫害的防治；在医药方面，李时珍在《本草纲目》中，记载了59种动植物油脂的医学用途；在军事方面，油脂是重要的作战物资之一；在盐井钻井时，需用桐油等材料补腔……为人所用，造福人类，是油脂应用的终极指向。

第一节　防治害虫

在古代人类生活和生产中，发现油具有防治虫害的功能。古代油脂普遍应用于农作物的病虫害的防治，从而为工业时代的杀虫剂的生产开了先河。古代用油脂防治病虫害的记载有：1101 年苏轼撰写的《物类相感志》述有用油杀虫子及蚁蝎的方法。1185 年，江苏苏州地区曾用油脂防稻叶蝉、飞虱之类的害虫："虫聚于禾穗，油洒之即坠，看来颇有效果。"1313 年王祯在《王祯农书》中记载：可用桐油纸燃烧，塞入树木蛀孔之内熏杀害虫。明代徐光启也曾引用 1560 年黄省曾所撰的《养蚕经》，用桐油治桑天牛的一种方法："其为桑之害也，有桑牛，寻其穴，桐油抹之则死。"不仅如此，徐光启还将此经验进行推广，颇有把握地说："凡治树中蠹虫……或用桐油纸油燃塞之，亦验。"1621 年王象晋撰《群芳谱》记载，用棉油拌麦种，可以"无虫而耐旱"。1705 年蒲松龄所撰《农桑经》，1760 年张宗法所撰《三农记》中也把这一方法当成一条防治地下害虫的经验。在用于拌种的记载中，虽然都未明确说明其效果和可能产生的药害等项，但对种子的发芽、出苗当不会有大的影响，这从自古以来视棉油为治虫药物可以得到肯定。1826 年包世臣撰《齐民四术》介绍了防治稻苞虫的方法：每亩用二斤桐油，在无风的傍晚灌注，"则虫死，水且资肥"。除用棉油和桐油以外，尚有采用麻油、苏籽油和菜油治虫的史例，《大清户部条例》记载：以麻油喷洒稻麦之上驱蝗。《齐民四术》记载，将苏籽油涂于桑根，以防桑虫。清代陈启沅撰《蚕桑谱》中说：防治桑树虫的油剂却是菜油，"乱去蛀屑，用菜油以笔涂之，晕入其中，虫亦毙也。"

第二节　诸油入药

明朝医学家李时珍为写《本草纲目》，花了整整 27 年的时间（1552—1578 年），才完成了这部伟大的著作。全书 52 卷，16 部，62 类，190 万字，收载药物 1892 种。其中记载了动植物油脂 59 种（其中动物油 33 种，植物油 26 种）。从《本草纲目》中介绍的油脂应用情况可以说明，明朝中期动、植物油脂的应用已经十分广泛。特别是在祖国传统医学中，把用动植物油脂作为治疗药物的主要调方之一，就当时而言，此举是一种不可缺少的手段，丰富和发展了祖国的医药事业。《本草纲目》介绍的动植物油脂多达 59 种，这在以前任何史书中是没有过的、是空前的。特别是对绝大多数的动植物油脂的加工、用途、性能和主治疾病，都做了详细地记载。并对酥油的加工过程做了简明扼要地阐述。"以牛乳入锅二三沸，倾入盆内冷定，待面结皮，取皮再煎，油出支渣，入在锅内，即成酥油"。《本草纲目》中动植物油作为药用治病记载分别归纳列于表6-1和表6-2中。

表6-1 动物油的药用价值

序号	名称	主治	备注
1	牛脂	疮疥癣白秃、亦入面脂	
2	羊脂	痢痛	同阿胶煮粥食
3	猪脂	伤寒	
4	野猪脂	妇人无乳、除风肿毒疮	
5	马脂	秃疮	
6	犬脂	铁毒	狗脂
7	狼膏	润燥泽皱、涂诸恶疮	
8	虎膏	五痔下血、狗啮疮	
9	熊脂	头疡白秃、面上皮干疮	
10	豹脂	落发、朝涂暮生	
11	㺍脂	痈肿死肌、四肢不随	
12	驼脂	痔疾	骆驼脂、峰子油
13	驴脂	虚损、血虚	
14	狸膏	鼠咬人成疮	狸俗称山猫
15	猬脂	耳鸣、耳聋、耳痛	猬即刺猬
16	貒膏	咳血、虫毒、胸中硬噎	
17	貘膏	痈肿、能透肌骨	
18	麇膏	痈肿、恶疮	麇称驼鹿
19	狖脂	疥疮、涂之妙	
20	鼠脂	疮、烫火伤	田鼠膏、隐鼠膏
21	鱼脂	小儿惊忤诸痫	鲤鱼脂、鳗鲡膏
22	蛇脂	耳聋、肿毒	蝮蛇脂、蚺蛇膏
23	鹈鹕油膏	痈肿、风痹、耳聋	鹈鹕俗称"洴河"
24	鸬鹚膏	滴耳治聋	
25	蟹膏	外伤诸疮	
26	鳖膏	溃疡	使白发生黑
27	鸨脂	治白发	鸨即大鸨
28	鹄油	落发	鹄即天鹅

续表

序号	名称	主治	备注
29	鹅膏	痈肿、小儿疳耳	鹅即一种家雁
30	鼋膏	卒聋、润皮肤、作面脂	鼋即一种"大鳖"
31	鼍脂	摩风及恶疮	鼍是鳄鱼的一种
32	酥油	摩风及恶疮	

表6-2　植物油的药用价值

序号	名称	主治	备注
1	大豆油	疥疮	
2	木棉籽油	恶疮	即为棉籽油
3	胡麻油	和胃润燥	即为芝麻油
4	芸苔籽油	落发	即为菜籽油
5	白菜籽油	涂头长发	
6	芜菁籽油	去黑、皱纹、蜘蛛咬	
7	蔓菁籽油	胀闷欲绝	
8	大麻籽油	发落不生	
9	灯盏残油	痈肿热青、犬咬伤	
10	苏合油	去三虫、通神明	即为苏合香油使白发生黑
11	乌桕籽油	白发	
12	大风籽油	风癣疥癞、杨梅诸疮	
13	茉莉花油	作面脂头泽、润燥	
14	白苏籽油	发落	
15	柏籽油	发落	
16	桐油	破伤风、麻痹	
17	芭蕉油	中气、痛风	
18	蓖麻油	风湿病	
19	查仁油	耳鸣、耳聋	
20	甘蕉油	运是头旋、挟血虚	
21	巴豆油	中风痰厥气厥	

　　桐油入药历史久远，早在唐代《本草拾遗》中就有记载，其性寒，"摩疥癣虫疮，毒肿"。《日华子本草》中记载，其有"敷恶疮疥，及宣水肿"的功效。李时珍在《本草纲目》中，言其外用可以"涂胫疮、汤火伤疮"，内服有

"吐风痰喉痹，及一切诸疾，以水和油，扫入喉中探吐"的功效。桐油性味甘、辛、寒，有毒；功能涌吐痰涎，解毒杀虫，润肤生肌；主治喉痹痛疡，疥癣臁疮，烫伤，冻疮皲裂。现代研究发现，桐油的主要成分为桐酸、油酸、亚油酸等多种脂肪酸和植物甾醇等。因其果有毒，临床中很少内服，大多外用。有医学家在临床中观察发现，以桐油石膏外敷治疗因输液导致的静脉炎、化脓性静脉炎及胫骨结节软骨病等多种疾病，都有非常好的治疗效果。秦显志等发现，以桐油涂在疣体表面治疗扁平疣总有效率可达98%。

中医理论认为，菜油味甘、辛、性温，可润燥杀虫、散火丹、消肿毒。姚可成《食物本草》并谓菜油"敷头，令发长黑。行滞血，破冷气，消肿散结。治产难，产后心腹诸疾，赤丹热肿，金疮血痔"。临床用于蛔虫性及食物性肠梗阻，效果较好。始见载于《天工开物》："凡油供馔食用者……芸苔子次之。"《本草纲目》则谓油菜籽"炒过榨油，黄色，燃灯甚明，食之不及麻油。近人因油利，种植亦广云"。

防误服中毒。桐油有毒，早有记载。《日华子本草》认为，桐油"冷，微毒"。《本草纲目》认为，其"甘微辛，寒，有大毒"。因桐油从外观上看和食用油相似，临床上发生过多起误作食用油食用，导致的中毒事件。现代研究发现，桐油可以降低染毒小鼠非特异性抵抗力和网状内皮系统吞噬能力，抑制小鼠机体抗氧化能力。李艳等研究发现，桐油对大鼠的肝、肾功能均有毒性作用，会导致大鼠的肝脏谷丙转氨酶（GPT）、血尿素氮（BUN）、肌酐（Cre）等指标异常升高。姚雅玲研究发现，桐油急性中毒可以导致间质性肺水肿，随着剂量加大，甚至可以出现肺泡性水肿。桐油中毒后主要有恶心、呕吐、腹痛、腹泻等消化道症状，严重者会有电解质失衡、神经损伤和肝肾功能的损害，甚至休克。如果出现误服情况，应及时到医院就诊。土家族医生使用桐油大多为外用，而临床研究桐油的毒性多为内服所致，桐油外用是否会经皮吸收，以及是否会对人体产生毒副作用尚无相关的报道和文献记载，还需要进一步研究。防烧烫伤。桐油性寒凉，但在临床中常用来治疗风寒湿痹类疾病，所以常需要加热，使其由寒性转变为温性。《证治准绳·疡医》和《冯氏锦囊秘录》中均有"用煎熟桐油"治疗冻疮的记载。因此，在使用桐油时应特别注意，防止烧烫伤患者或自己。如不慎发生烧烫伤，应及时治疗，以防感染。防止污染。桐油是植物类油脂，具有较强的黏附性，且有较大的异味儿，因此治疗结束后应注意清洁，防止污染。

第三节　军事物资

油脂用于军事，最早是从动物油开始，进而使用植物油，最后发展到矿物油。中国的兵器发展史说明，在火药发明之前，油脂已经作为一种辅助的军事作战物资了。公元前 279 年，周赧王三十六年齐国与燕国交战，齐国获胜，油脂立下了汗马功劳："田（齐人）单收城中得牛千余，为绛缯衣，画以五采龙纹，束兵刃于其角，灌脂束苇于其尾，凿城数十穴，夜纵牛烧苇，端壮士五千人随之，牛热，怒奔燕军，所触尽死伤。"646 年唐代房乔所著《晋书》中记载："睿王卒水军攻吴时，曾作火炬，灌以麻油，燃火炬烧吴军没于江中铁锥。"王濬又命人作 10 余丈的大火炬，灌以麻油，置于船前，遇铁锁，点燃火炬，顷刻间便将铁锁融裂。于是晋水师畅通无阻，一路连克西陵、荆门（在西陵与夷道之间）、夷道（今湖北宜都）、乐乡等城，斩俘吴军各地守将，兵锋锐不可当。从此可见晋时芝麻油已大量生产。

在三国时期，魏国发明了"火箭"，就是在射出的箭上装上火把，当时蜀国丞相诸葛亮率军攻打魏国的时候，魏国的将军就把这种火箭用在防守城墙上。火箭这一词也是出自那个时候，不过当时的火箭只是一种在箭头后部绑附浸满油脂的麻布等易燃物，点燃后用弓弩射至敌方，达到纵火目的的兵器，然后用这种方式击退了诸葛亮的进攻，自此以后各地开始引用。

汉武帝时期，张骞出使西域，开疆拓土的同时也给中原地区带来了很多西域的农作物种子，如葡萄、苜蓿、石榴、芝麻等。芝麻因为是张骞从西域胡地带回的，所以芝麻最早叫"胡麻"。在汉时已被用于榨油，所生产的油叫"麻油"或"胡麻油"。《三国志·魏书》记载，魏将满宠在抵御孙权进攻合肥的时候，"折松为炬，灌以麻油，从上风放火，烧贼攻具。"回想一下这场战役，一边战火冲天，一边是点燃的芝麻油香味四溢，不知道交战双方将士是不是一边打一边流口水。

油灯是起源较早、延续和发展时间较长的生活照明用品之一，多用菜油等植物油脂通过灯芯引流点燃照明，在少数地区也有使用酥油等动物油脂。这个不起眼的工具在中国革命最困难的时期，一次又一次陪伴共产党人度过那灰暗的岁月，在中国军事革命史上留下了重要一笔。油灯的微弱之光，已经化作指引共产党人前进道路的火炬，成为中华民族的复兴之光，成为实现中国梦的强国之光！抗日战争年代，时任新四军军长陈毅倡导，拨出党费 40 两黄金，创建"和丰油饼号"，生产的油，专为部队服务。这个"和丰油饼号"，其实是 3 条木船，分别装上原料、设备和成品油。油厂一开始专为部队服务，部队行军到何处，它就移动到何处。直至 1949 年，解放军横渡长江后，"和丰油饼号"才被正式移交给当时的泰县粮食局管理，并更名为国营泰县益众油厂。

桐油，是中国特产油料树种——油桐种子所榨取的油脂。油桐属大戟科油桐属，从油桐籽热压所得的桐油，是一种干性油，以高温（200～250℃）加热，可因自行聚合而成凝胶，甚至完全固化。此特殊性质是由于其主要成分

α-桐油精、三α-桐酸甘油酯的聚合，这是其他干性油所未有的特性。桐油含α-桐酸83%和三油精15%。比较详细的数据：桐油的混合脂肪酸含α-桐酸74.5%，亚油酸9.7%，油酸8.0%，饱和脂肪酸3.3%，不皂化物0.1%。又一资料记载：α-桐酸77%，亚油酸10%，油酸9%，饱和脂肪酸4%。α-桐酸分子中含有三个共轭双键，故有多种几何异构体。在饱和脂肪酸中有硬脂酸和棕榈酸。桐油含维生素E及角鲨烯，又含植物甾醇、戊聚糖及几种蛋白质。桐油的毒性成分，桐酸是其一，但还夹杂着油桐籽中的有毒皂素等毒质。油桐原产于中国，栽培历史悠久，一千多年前的唐代即有记载。抗病虫能力特强，整个生长过程中不须施肥和农药。桐油是一种天然的植物油，它具有迅速干燥、耐高温、耐腐蚀等特点。猪鬃和桐油一直是两次世界大战里中国最重要的出口战略物资，而且是独占性资源，天然的防虫性、防酸性，是武器钢材外表必备的油漆材料，尤其是对于舰船、潜艇，更是必不可少，所以，桐油、猪鬃和石油、橡胶一样，是重要的战略物资。有句话叫，吃滴桐油，吐三斤血。因为桐油是制造油漆、油墨的主要原料，作为一种优良的干性植物油，它被大量用于如下领域：建筑、机械、兵器、车船、涂料和农药、杀虫剂等。人们的印象中植物油脂似乎都是可食用的，然而桐油并非如此。日本人并不知道这一点，屡屡栽在这些看似普通的油脂上，譬如浙赣会战时，日本兵在浙江某地农村发现一种金黄色的油，拿来炸天妇罗，结果全体食物中毒。这油自然就是桐油了。事后，日军不得不三令五申广而告之，桐油不可吃，但士兵依然频频中招。中招最厉害的一例是自武义攻向丽水的一个日军大队，因为吃了桐油天妇罗，整个大队36小时内丧失战斗力，并与指挥部失联。当然，桐油在抗战中的作用不仅如此，虽然现在的经济效益有所下降，但桐油确实是中国传统的出口商品。第二次世界大战前，中国桐油占全世界总产量的90%，四川省桐油产量居全国桐油产量之首，湖南、湖北、浙江、广西、贵州等诸多省份亦大量出产桐油。第二次世界大战期间，桐油因其具有的燃烧性、速干性和耐酸性而被广泛应用到军舰、商轮、潜艇、飞机等器械上，成为一种重要的战略物资，国际市场需求巨大。1937年，"七七事变"后，日本侵华战争全面爆发。中国国内大批工商业受制于矿产资源遭日本掠夺，许多在一战后兴盛起来的知名民族企业被迫内迁，受损极大。中国境内的原料、交通、市场也都受到战争影响，严重制约经济发展。已因近百年积贫积弱、几十年军阀混战而元气大伤的古老国度，此时雪上加霜，国民政府急需财物支援。这时，欧洲国家因为法西斯德国的扩张自顾不暇，而大洋彼岸的美国，尽管已觉察到日本在远东和太平洋地区对美国利益的威胁，但碍于国内孤立主义与非军事干涉思想盛行，使得美国政府不愿表态援华。面对这种情况，赴美求援的金融家陈光甫与学者胡适便利用各自的人脉，不懈游说美国官员与金融家，最终绕开了美国的孤立主义政策，采用经济借款的形式落实了亟须的军事援助。其中，第一笔就是在 1939 年 2 月 8 日，由美方代表华盛顿进出口银行、中方代表纽约世界贸易公司签订的《桐油借款合约》——中国以出售桐油为抵押，获得美国进出口银行向中方公司贷款 2500 万美元，年息 4.5 厘，期限 5 年，中方公司在此期限内要向美方公司出售 22 万吨桐油。《桐油借款合约》被普遍认为是美国援华和战时中美合作的开端，而后的滇锡借款、钨砂借款、金属借款亦都仿照此例，解决了中国抗战物资的燃眉之急。

在军事上，油脂还是重要的一种防水防潮材料，木质枪托使用牛羊油浸泡可以有效防止木材开裂、受潮，弹药也常用经过油脂浸泡过的牛皮纸包装达到防潮的目的。自 1600 年英国就开始入侵印度，经过一百多年的扩张，英军在 1775 年统治了整个印度。英国政府为了更好地治理印度，招募了大量印度人扩充军队，来管理印度境内日常治安和警备任务，与伪军类似。1857 年初，东印度公司用猪油或牛油做润滑油涂在来复枪上统一发给雇佣军使用，当时在装子弹之前，士兵必须咬破来复枪子弹的弹壳才能上弹，这可是大大的难为印度人了。在印度，有很多人是穆斯林，当然是接受不了用嘴去碰猪的脂肪。牛更是印度教所信仰的圣灵，印度民众一直以来把牛当成神一样供奉，牛不能随意宰杀，只能任其慢慢老去。牛在路上随意走动，处处受到印度民众的顶礼膜拜。在印度，牛的数量比印度的人口还要多。这件事为未来的大起义埋下了伏笔。

一次日常军事训练中，英国军官训练印度士兵教他们如何使用来复枪。当时的印度士兵知道子弹上涂了牛油，于是拒绝了这一对他们来说是一种侮辱的要求。印度士兵历来尊敬牛，当沾满圣物牛油的子弹咬在印度士兵嘴里的时候，印度士兵觉得这是对他们的圣灵的一种不敬，更是对自己人格上的一种羞辱。印度士兵看到这样的情况后，愤怒不已。英军教官依然命令印度士兵如此上膛子弹，训练使用来复枪。印度于是因为一场吃了一口牛油引起的军事哗变就开始了攻击英军，为他们的神牛复仇。印度士兵到处宣传，英军吃了他们的神牛，还把神牛的油沾在子弹上故意羞辱他们。当这个消息传开后，所有的印度人都愤怒了，印度民众把复仇的怒火射向了英军。随即一场席卷整个印度全境的大起义就爆发了，英军面对全国的大起义焦头烂额，付出了很大的代价才把这场起义镇压了下去。印度士兵面对英军教官的羞辱，终于忍无可忍，枪杀了英军教官。这次"油脂事件"也成为了印度民族起义的重要导火索之一。

历史上，军事一直是国家战略保障的重要手段，在现如今国际形势纷繁复杂的情况下，任何关乎民生、国家战略的资源都是必须高度重视的要地，油脂作为人体组成的主要物质之一，是保障一个国家人民生命的底线。

第四节　盐井补腔

　　盐井补腔是以桐油、石灰等材料，封堵井下裸露井段（因井壁裂缝而渗漏的淡水层和修补坍塌的岩层），以便继续钻进或恢复生产。在中国井盐钻井科技史上，盐井补腔工艺是中国古代钻井技术体系中修治井技术的重要组成部分，是一项非常重大的技术创造。它的出现，使井盐深钻井技术取得了重大的突破，为钻凿千米以上的深井奠定了基础，使开发埋藏在地下深处的黑卤、岩盐、天然气等资源成为现实。四川自贡地区是中国古代井盐钻井及井盐生产的重要发祥地之一，其井盐钻井和修治井技术在清代达到高峰，至今仍保留有自清代以来开凿的盐井，并且在这些盐井中仍继续沿袭这种古老的工艺进行测井及井壁的修整工作，所不同的是使用了现代仪器和新的补腔材料（水泥）而已，这就为我们的研究工作提供了难得的素材。

　　北宋庆历年间（1041—1048年），"卓筒井"的问世，标志着中国古代井盐凿井技术已经发展到一个新的阶段，小口径盐井取代大口径浅井，采用竹子作为固井的表层套管，以封堵浅层淡水或泥岩的垮塌，是这一时期的主要技术成就。但问题也随之而来，南宋淳熙四年（1177年），四川制置使胡元质在奏折中说："或井筒剥简，土石埋塞，弥旬累月，计不得取；或夏冬涨潦，淡水人井，不可煎烧……如此之类，不可胜取。"这说明在当时人们已经开始认识到修治井的问题，并且也采取了一些措施去排除井下事故，只不过是"计不得取"而已。这一时期的修治井技术尚处于萌芽阶段，但它却是明代修治井技术进步的前提。随着钻井深度的逐渐增加，井下事故也越来越频繁，以打捞和淘井技术为代表的修治井技术应运而生。大约在明万历年间（1573—1620年），竹质套管逐渐被木质套管所替代，固井技术及固井新材料——石圈、木柱和油灰的应用，提高了固井质量，使盐井井身结构趋于完善，为深钻井技术的发展创造了条件。这一时期，川北的盐井"井浅者五六十丈……深者百丈（155.5～311米）"，自贡地区盐井最深达"135丈（约432米）"。固井使用的木质套管最深达100米左右。在固井时，使用麻和桐油石灰，做成了一个麻头，置于木质套管的底端，通过用桐油石灰将木质套管和井底岩石紧密黏合在一起，从而达到隔绝淡水的目的，以便继续钻进，同时，桐油、石灰在当时还被用来封堵因木质套管破裂而渗透的淡水。

　　中国古代盐井补腔工艺是钻治井技术中的一个重要组成部分，它是以桐油、石灰等材料，封堵井下裸露井段（因井壁裂缝而渗漏的淡水层和修补坍塌的岩层），源于明万历年间（1573—1620年），初步发展于清雍正年间

（1723—1735 年），成熟于清道光年间（1821—1850 年）的自贡地区；盐井补腔工艺的创制、演进是随着井盐钻治井技术的发展而日益完善，它的出现使井盐深钻井技术取得了重大的突破，为钻凿千米以上的深井奠定了基础；中国古代盐井补腔工艺与现代钻井技术中的测井、修正井壁的技术在工作原理上是一致的。

油脂文艺

第七章

　　我国古代油脂文化是与古代油脂的应用相伴相随的。在漫长的生产生活实践过程中，先民们以油脂为核心，发展出了内涵丰富的油脂文化。从散见于《考工记》等油脂相关农学、医学等书籍，到油画、油灯、打油诗等油脂相关文艺作品，再到耳熟能详的民谚俗语、带"油"地名等，都彰显了油脂文化的内涵、深度与广度，它包罗万象，涵盖了古代人们日常生活的方方面面。

第一节　油脂文献

我国古代油脂文化是与古代油脂的应用相伴相生的。在漫长的生产生活实践过程中，先民们不仅留下了丰富的文献资料，也以油为核心，发展出了内涵丰富的油文化。

一、《考工记》

《考工记》（图7-1）是春秋战国时期齐国制定的指导、监督和考核官府手工业、工匠劳动制度的书。作者为齐稷下学宫的学者。《考工记》主体内容编纂于春秋末至战国初，部分内容补于战国中晚期。这部著作记述了齐国关于手工业各个工种的设计规范和制造工艺，书中保留有先秦大量的手工业生产技术、工艺美术资料，记载了一系列的生产管理和营建制度，一定程度上反映了当时的思想观念。《考工记》是中国目前所见年代最早关于手工业技术的文献，该书在中国科技史、工艺美术史和文化史上都占有重要地位。在当时世界上也是独一无二的。全书共7100余字，记述了木工、金工、皮革、染色、刮磨、陶瓷六大类30个工种的内容，反映出当时中国所达到的科技及工艺水平。早在先秦时代，智慧的劳动人民便发现了皮革加脂是由"皮"转变为"革"的关键所在。

图7-1　《考工记》

二、《氾胜之书》

西汉时期诞生了我国最早的一本农书——《氾胜之书》（图7-2），作者氾胜之为古代著名农学家。书中记载了黄河中游地区耕作原则、作物栽培技术和种子选育等农业生产知识，反映了当时劳动人民的伟大创造。该书是西汉黄河流域的农业生产经验和操作技术的总结，主要内容包括耕作的基本原则、播种日期的选择、种子处理、个别作物的栽培、收获、留种和贮藏技术、区种法等。就现存文字来看，以对个别作物的栽培技术的记载较为详细。这些作物有禾、黍、麦、稻、稗、大豆、小豆、枲、麻、瓜、瓠、芋、桑13种。区种法（即区田法）在该书中占有重要地位。书中提到的农作物有大豆、大麻、苏子和芝麻等，并有"豆生布叶，豆有膏"的记载，"膏"即油之意。《氾胜之书》总结了当时黄河流域劳动人民的农业生产经验，记述了耕作原则和作物栽培技术，对促进中国农业生产的发展，产生了深远影响，由此而闻名于世。

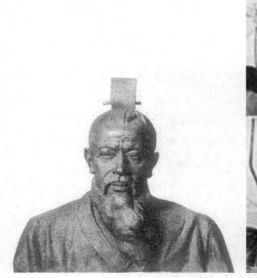

图7-2 氾胜之与《氾胜之书》

三、《齐民要术》

北魏末年（533—544年）贾思勰编著的《齐民要术》（图7-3），是我国现存最完整、最丰富的一部农业百科全书，全书 10 卷 92 篇，约 11 万字。《齐民要术》载："胡麻（即芝麻）、麻籽、芜菁（蔓菁）、红兰花""输与压油家"。说明当时已发现多种油料作物，并已产生专门榨油的人家。"取新猪膏，极白净者，涂拭勿往。若无新猪膏，净麻油亦得。""细切葱白，熬油令香。""无肉以苏油代之。"并提到"木有摩厨，生于斯调。厥汁肥润，其泽如膏，馨香馥郁，可以煎熬，彼州之民，仰为嘉肴。"在"荏蓼第二十六"中记载"收子压取油"书中提到的油料有七种，动植物油有七种：大麻籽油、芝麻油、苏籽油、芜菁籽油、猪油、牛油和羊油等。该书系统地总结了六世纪以前黄河中下游地区劳动人民农牧业生产经验、食品的加工与贮藏、野生植物的利用，以及治荒的方法，详细介绍了季节、气候、和不同土壤与不同农作物的关系，被誉为"中国古代农业百科全书"。

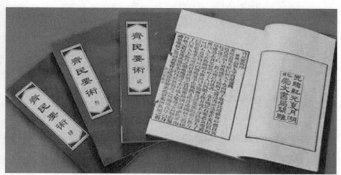

图 7-3　贾思勰与《齐民要术》

四、《梦溪笔谈》

《梦溪笔谈》为北宋科学家、政治家沈括（1031—1095 年）所撰（图 7-4），是一部涉及古代中国自然科学、工艺技术及社会历史现象的综合性笔记体著作。该书被誉为"中国科学史上的里程碑"。共分 30 卷，其中《笔谈》26 卷，《补笔谈》3 卷，《续笔谈》1 卷。全书有 17 目，凡 609 条。内容涉及天文、数学、物理、化学、生物等各个门类学科。书中的自然科学部分，总结了中国古代、特别是北宋时期科学成就。《梦溪笔谈》成书于十一世纪末，作者自言其创作是"不系人之利害者"，出发点则是"山间木荫，率意谈噱"。据传，沈括在读《汉书》时发现"高奴县有洧水，可燃"的记载，后来他对书中所讲的内容实地考察。考察中，沈括发现了一种褐色液体，当地人称它"石漆""石脂"，可用它烧火做饭，点灯和取暖。他给这种液体取了一个新名字，称石油。这个名字一直被沿用到今天。他在《梦溪笔谈》对"洧水"的使用有"欲知其烟可用,试扫其烟为墨,黑光如漆,松墨不及也,此物必大行于世"的描述。

图7-4 沈括与《梦溪笔谈》

五、《陈旉农书》

《陈旉农书》由宋代陈旉所著(图7-5),是我国古代第一部谈论水稻栽培种植方法的农书。全书3卷,22篇,1.2万余字。上卷共有14篇,占了全书的2/3,主要讲述水稻的种植技术。书中对高田、下田、坡地、葑田、湖田与早田、晚田等不同类型田地的整治都有具体的记载。其中,对高田的记载尤为详细。认为在坡塘的堤上可以种桑,塘里可以养鱼,水可以灌田。在水稻育秧技术上,书中确立了适时、选田、施肥、管理四大要点。中卷是讲述水牛的饲养管理、疾病防治;下卷是讲述植桑种麻。《陈旉农书》对于我国古代农业技术体系的完善有着重要的作用,对于实际的生产更有着重要的指导意义。

图 7-5　陈旉与《陈旉农书》

书中记载："油麻有早晚二等。三月种早麻，才甲拆，即耘钼，令苗稀疏。一月凡三耘钼，则茂盛。七八月可收也。四月种豆，耘钼如麻。七月成熟矣。五月中旬后种晚油麻，治如前法，九月成熟矣。不可太晚。晚则不实，畏雾露蒙幂之也。早麻白而缠荚者佳，谓之缠荚麻。晚麻名叶里熟者佳，谓之乌麻，油最美也。其类不一，唯此二者人多种之。凡收刈麻，必堆罨一二夕，然后卓架晒之，即再倾倒而尽矣。久罨则油暗。"

六、《农桑辑要》

《农桑辑要》是元朝司农司编纂的一部综合性农书（图 7-6），成书于至元十年（1273 年）。时值黄河流域多年战乱、生产凋敝之际，此书编成后颁发各地，作为指导农业生产之用。孟祺、畅师文、苗好谦等参加编写及修订补充。全书共 7 卷，6 万余字。内容以北方农业

图 7-6　《农桑辑要》

123

为对象，农耕与蚕桑并重。选辑了古代至元初农书的有关内容，对十三世纪以前的农耕技术经验加以系统总结研究。全书包括典训、耕垦、播种、栽桑、养蚕、瓜菜、果实、竹木、药草、孳畜 10 部分，以及各种作物的栽培，家畜、家禽的饲养等技术。本书在继承前代农书的基础上，对北方地区精耕细作和栽桑养蚕技术有所提高和发展；对于经济作物如棉花和苎麻的栽培技术尤为重视。《农桑辑要》我国现存最早的官修农书。在它之前唐代有武则天删订的《兆人本业》和宋代的《真宗授时要录》，但这两部均已失传。因此《农桑辑要》就成了我国现存最早的官修农书。

七、《王祯农书》

《王祯农书》成书于 1313 年，作者王祯（图 7-7）。全书正文共计 37 集，371 目，约 13 万字，是一部系统、完整、内容丰富的农业科学著作，是我国古代农业科学不可多得的珍贵遗产。分《农桑通诀》《百谷谱》和《农器图谱》三大部分，兼论了当时的中国北方农业技术和南方农业技术。首先对农业、牛耕、养蚕的历史渊源做了概述；其次以"授时""地利"两篇来论述农业生产根本关键所在的时宜、地宜问题；再就是以从"垦耕"到"收获"等7 篇来论述开垦、土壤、耕种、施肥、水利灌溉、田间管理和收获等农业操作的共同基本原则和措施。王祯利用图文并茂的表达方式，把榨油设备的结构、工艺流程、操作过程都记录下来，并绘成图谱，这对于在当时进行榨油设备的总结、交流和推广应用，是一件十分有意义的工作。

图 7-7　王祯与《王祯农书》

八、《农政全书》

明末科学家徐光启（1562—1633年）花十几年心血所著《农政全书》是一部集我国古代农业科学之大成的学术著作（图7-8）。其中贯穿着一个基本思想，即徐光启的治国治民的"农政"思想。贯彻这一思想正是《农政全书》不同于其他大型农书的特色之所在。《农政全书》按内容大致上可分为农政措施和农业技术两部分。前者是全书的纲，后者是实现纲领的技术措施。文中记载植物油19种：桐油、麻油、杏油、菜油和红花籽油等。特别对于乌桕制油的过程与操作，利用皮油制蜡烛做了详细地介绍，同时记载了麻油压榨方法（图7-9）。

图7-8　徐光启与《农政全书》

图7-9　《农政全书》中的榨油场景

九、《本草纲目》

《本草纲目》是明朝医学家李时珍三十余年心血的结晶（图7-10）。全书共有190多万字，记载了1892种药物，分成60类。其中374种是李时珍新增加的药物。全书共有52卷，收集医方11096个，书中还绘制了1109幅精美的插图，是我国医药宝库中的一份珍贵遗产。它在药物分类上改变了原有上、中、下三品分类法，采取了"析族区类，振纲分目"的科学分类。从无机到有机，从简单到复杂，从低级到高级，这种分类法在当时是十分先进的。

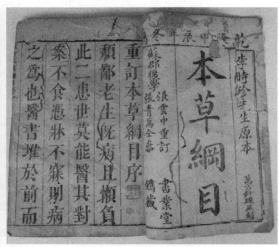

图7-10　李时珍与《本草纲目》

《本草纲目》在油脂方面，记载了59种动植物油脂的药用功能。其中动物油33种，植物油26种，在书中区分动物油和植物油，是以脂和油来表示。李时珍曰："脂膏凡凝者为肪为脂，释者为膏为油"。一般来讲，对油和脂的划分，常把在常温下呈液体状态称油，呈固体状态称脂，但都属于油脂的范畴，只是叫法不同而已。

十、《天工开物》

《天工开物》是明代宋应星著（图7-11），初刊于崇祯十年（1637年），共3卷18篇，是我国历史上最为详尽的一部科技巨著。在其第十二篇"膏液"中，记载了19种油料作物，15种植物油料的出油率，记叙了某些油料的性质和用途，特别对9种植物油料制取油脂的工艺与榨油机具做了详细地介绍，同

中国油文化 ◎

时还列举了具体的数据。它记载了油脂制取的4种方法：水代法、磨法、舂法和压榨法，至今仍有实用和参考价值。出油率的高低取决于油料的含油率和提取油脂的方法，尽管《天工开物·膏液》卷中没有记述油料的含油率，但对于从事油脂工程的人员而言，考察当时制油生产的情况仍有一定的科学价值。书中还记载了制油设备及制油用具。《天工开物》是我国古代较完整、全面的制油专著，该卷与现代的工程著作中的"总论—原理—工艺流程—设备"的论述顺序大致相同。这些资料，反映了三百多年前劳动人民的制油技术水平，是研究我国油脂工业发展的可贵史料。

图7-11 宋应星与《天工开物》

127

第二节 油 画

一、中国油画传统

在我国古代的许多重要文献（如《周礼》《髹饰录》《天工开物》《齐民要术》等）中都可以查到中国古代油画的相关记载。中国传统油画形制既有独幅的绢帛油画、木板油画相对为纯艺术的油画，也有以修饰实用物品为主要功能而广泛结合在古建筑木构的平棋、板壁、门梁，以及各种生活器具上的油画。

我国史料对油画的记载可追溯到两千七百多年前的周代，文献揭示了油画是中华民族民间古老的重要传统画种，它服务于宫室和民间，大到王侯的亭台楼阁建筑，小到日用器具的美饰。我们熟悉的"油画""油色绘"和"密陀绘"等称谓也早已存在于西汉及其后的史料文献之中。从一些考古发现推断，在实践中使用油彩绘画可能更早，甚至早到新石器时代出土的以油色所作的彩绘陶图案。油色绘在周代时就已经发展成完整的绘画形式。《周礼》中记有："山国用虎节，土国用人节，泽国用龙节，紫檀木画其形象，御笔亲金书以赐重臣，碧油笼之。"这是迄今所见关于碧油罩明技法最早的文字记载。

中国古建筑的彩绘装饰中多用油色绘技法。距今九百多年前的北宋《营造法式》中就有古代桐油的炼制和彩绘罩油的技法与相关程序的详细记载。十六世纪中期的明代《髹饰录》亦记载了有关古油画诸技法。《髹饰录》是一部总结中国古代髹漆工艺经验的巨著，总结了中国古代用漆、用油以绘制漆画、油画及漆器制作和各类装饰技法。其中记载："金细勾彩油饰者""又金细勾填油色""油饰，即桐油调色也，各色鲜明""描油，即油色绘也。其纹飞禽走兽、昆虫百花、云霞人物，一一无不备天真之色。如天蓝、雪白、桃红则漆所不相应也。古人画饰多用油，今见古祭器中有纯油色油纹者""油清如露，调颜料如露在百花上，各色无所不应。见正色而却呈绘事也。"书中尤强调欲鲜彩图唯油画表现景物"各色无所不应"，而新鲜明净的浅色"则漆所不相应也"，因此"古人画饰多用油"，这样才能保证所绘图画色彩效果比用漆绘制色度高、鲜艳悦目。

明代巨著《天工开物》中对胶彩画的弊端也有清晰的阐释，其认为胶彩附在木质器皿上易为木质纤维吸收而色彩会呈现粉浊，且附着力不强易风化脱落，更不适于在建筑木构、木板、门画、舟车、旌旗、帷幔和服饰彩绘上。因此，在古代中国服务于实用的胶彩画应次于"漆画"，而漆画的材料"漆"，本身是从富含树脂的落叶乔木所得，与空气接触后呈褐色，很难制作出鲜明的浅色颜料，"即漆工以鲜物采，唯入桐油调则显，入漆亦晦也"。因此，对于各种绘事中要求的新鲜明净的浅色"则漆所不相应也"。

有关我国古代传统油画的记载，清代著名学者康有为在《万木草堂藏画目》之中曾记载当时京都的部分宋、元时的绢、帛油画内容。康有为遍游欧亚画廊，对中西方的绘画有深刻而独到的鉴赏力，他的书中记载："宋画：易元吉《寒梅雀兔图》，立轴，绢本，油画逼真，奕奕有神。赵永年《雪犬》册幅一，绢本，油画，奕奕如生。赵大年弟，以画犬名者，可宝。龚吉《兔》册幅一，绢本，油画。陈公储画《龙》册幅一，绢本油画，公储固以龙名，而此为油画，尤足资考证。以上皆油画，固人所少见。沈子封布政久于京师，阅藏家良多，面叹赏惊喜，诧为未见。此关中外画学源流宜永珍藏之。元画：高暹《马》，册幅，亦油画，与前各油画合册，写瘦马迫真，珍品。"并且进一步认为，由于欧洲十五世纪之前没有油画，故而是马可·波罗将中国的油画传到欧洲才形成今天的欧洲油画。对古代中国油画有很深研究的秦长安先生认为，古代中国的传统油画多为绢帛油画，今天却所见不多，而古代的绢帛画中，有不少佳作应该是中国的传统油画，只不过没有人去化验鉴定。他甚至很肯定地认为我国现存的战国帛画以及誉满中外的马王堆西汉墓出土的帛画，都是两千多年前的中国古代油画的珍品，是世界上最早的油画，只是这些绘于绢帛之上并陪葬在地下的画宝早已失去原油画表面的光泽，但是它们并非胶彩画，也非漆画，而是古代油画。

中国古代最早发展的彩绘为油画，而从历史的角度看，一向被认为是中国传统绘画的山水画则是后来才形成的"新"传统。

中国的古代文献不仅记载了中国古老的油画传统，而且对于所使用的油也有比较明确地记载，记载的油画用油主料为干性植物油（主要有亚麻仁油、核桃油、桐油），这与现在的油画用油是一致的。

一般而言，现在油画绘制中使用到的液态物质总的来说可分四类：松节油等挥发性溶剂；亚麻仁油、核桃油、罂粟油等干性植物油；达玛油、达玛上光油等树脂溶液，以及含有油和水的混合物乳液。其中，干性植物油是油画颜料中真正起媒介剂作用的。也就是说，干性植物油是油画的主要养料，其他都是配料。在古文献记载中，中国传统油画使用的干性油料主要为大麻油、荏油（又称紫苏油，含有丰富的 α-亚麻酸）、胡桃油（即核桃油，人们原以为核桃是张骞出使西域带回的，非我国原有产物，故称胡桃，但 1972 年，在距今约七千多年的磁山文化遗址出土的胡桃，修改了所谓汉代核桃为张骞引自西域的说法）、桐油和罂粟油等数种。据考，我国远古遍植桑麻，秦汉之先已多取大麻油、荏油彩绘。汉代《四民月令》、北魏《齐民要术》等文献中均有关于古代"油帛""油衣"的记载。"油帛"即泛指绢帛油饰。《齐民要术》称"荏油色绿可爱，为帛煎油弥佳。荏油性淳，涂帛胜麻油"。证明了古时用荏油、麻油调色涂绘于帛已甚为普遍。

《北史》列传之《祖珽传》记载："除珽……寻迁典御，又奏造胡桃油"，"珽善为胡桃油以涂画，乃进之长广王"。后长广王即是祖珽，他能制作胡桃油，而且擅长胡桃油作油画，并将其画作进献给北齐武成皇帝长广王，此画应为宫廷绢帛油画。

桐油原产于中国，它是一种优良的干性植物油，用途极为广泛，具有干燥快、光泽度好、附着力强、耐热、耐酸、耐碱、防腐、防锈等特性。桐油用于中国传统油画是从唐代开始并延续千年，至今民间仍有以桐油绘门神、祠庙、渔船龙凤飞天及历史、神话故事。门画乃中国传统油画的重要形式，它延续久远且群众喜闻乐见。唐代的彩绘门画主要是桐油彩绘，有直接在门板上画的门画，也有在贴于门板之上的麻布上绘制的门画，绘制手法有鲜明油色的厚涂，也有的是渲染与勾线结合，或配以贴金和描金工艺。

中国早期髹漆配色用油中桐油占有重要的比重。关于"油桐"植物的最早记载见于唐代医书《本草拾遗》，宋代医书《本草衍义》中始述及"桐油"。而"桐油"取代其他的油成为油漆的主要原料，应不会过多地早于南宋。之前髹漆配色所用油多为荏油、大麻籽油，胡桃油等。关于古代桐油的炼制和彩绘中的罩油技法，在北宋的《营造法式》中有详细地记载。桐油的炼制为："用文武火煎桐油令清，先烁嘤令焦，取出不用。次下松脂，搅候化。又次下研细定粉……"其中，记载桐油的用途主要有"合金漆用"。在这里，也暗含有金漆在宋代普遍用于建筑的装饰之意。"施之于彩画之上""乱丝揩搋"，又提示我们桐油还可能有待彩画干后将其整体笼罩一遍，使彩画光亮耐久的用途。"处不见风日"处桐油用量增加，则暗示了桐油的防腐、防蛀功能。"其黄丹用之多涩燥者，调时入生油一点"，则显示了桐油用于调色的功能。

古代传统油画技法历史悠久，无论在西方还是在东方都有大量的文献记载，这些文献一方面为我们了解这门古老的绘画技艺提供了直接线索。另一方面，也为我们比较东西方古代绘画技术之异同提供了材料。这些材料向我们揭示了古老的东方文明，同时也向我们提出了问题：是东西方各自发明了油画技术，还是通过一定的交往使东西方之间在技术上有传播？考虑到中国有张骞出使西域，郑和下西洋，还有马可·波罗在中国的多年生活后回到意大利，这之间或许有一定的文化和技术的传播，又或许中国和印度之间在佛教的联系中附带着油画技法的传播，这都是可能的，只是还没有具体证据来证明这个推论。

二、书画名家与油灯有关的作品

齐白石画油灯是以他一贯的方式表现自己生活中的一些感受，与之相关的还画过柴耙、算盘等器具。齐白石画油灯常常配一只偷吃灯油的老鼠，这种在他所生活的那个时代司空见惯的景象，在齐白石的笔下则是一幅能够令人玩赏的画面，它所传达出的是生活和艺术的情趣，没有现实中的憎恨和厌烦。现实之中的老鼠偷吃灯油（还有馋嘴的猫）是一件非常严重的事情，因为农业社会中的物质匮乏，油灯的燃料对于很多家庭，哪怕是小康家庭，也是需要掂量地付出。所以，元代的甘肃地区有了一种名为"气死猫"的瓷质小油灯，将灯油藏于腹腔之内，有效地防止了猫偷吃油的情况，当然，面对此气死的还有老鼠，和其他偷油吃的动物。

几千年来，关于油灯有着无数的故事和诗篇，有着不尽的记忆和描述。凡用过油灯的人，或者经过那个社会阶段的人，都有着自己关于油灯的独特回忆。在二十世纪的中国，六十年代以前出生的人或多或少还残存着这一与社会发展相关的留念，因为亲身经历的现实，油灯曾经伴随着他们以往的生活——酸甜苦辣，风风雨雨。而对于有这种生活经历的画家来说，各自的表现不仅因为生活的差异显现出彼此的不同，艺术的语言和艺术的趣味也决定了与这一生活相关的丰富性。

　　不管是油灯的收藏，还是油灯题材的创作，对个人、对社会都有着特别的意义。因此，希望油灯燃烧自己、照亮别人的品格永远成为中国人核心价值体系中的一个重要方面，希望中国特有的油灯文化永远照耀着中国人前进的方向。

　　下面介绍几位当代著名书画家以及他们有关油灯的作品。郭西元，1947 年生，山东诸城人，又名锡元、曦元。1969 年毕业于南京艺术学院美术系。现为深圳大学教授、文人画研究所所长，深圳市美术家协会副主席，中国美术家协会会员，中国美术家协会旅游联谊中心理事，中国书法家协会会员等。其作品《寒夜著书》如图 7 - 12 所示。

　　胡永凯，1945 年生于北京，后移居香港。曾在上海大学美术学院及香港中文大学任教。现为中国美术家协会会员，香港亚洲艺术家协会常务理事，香港新美术学会创始会长，北京海华归画院副院长，北京名人书画院荣誉院长等。其作品《入室图》如图 7 - 13 所示。

图 7 - 12　郭西元　寒夜著书
（125 厘米 × 43.5 厘米）

图 7 - 13　胡永凯《入室图》
（69.5 厘米 × 46.5 厘米）

宋涤，1945 年生于山东烟台。1980 年调中央工艺美术学院（今清华大学美术学院）任教，2000 年任清华大学美术学院教授。其作品《犹记寒窗苦读》如图 7 - 14 所示。

图 7 - 14　宋涤《犹记寒窗苦读》（69.5 厘米×46.5 厘米）

王冬龄，1945 年生于江苏如东。1966 年毕业于南京师范大学美术系。1981 年毕业于中国美术学院，获硕士学位。1989 年赴美国明尼苏达大学讲授中国书法（4 年）；1997 年赴日本岐阜女子大学讲学。现为中国美术学院书法系教授，中国书法家协会理事，浙江书法家协会副主席，浙江书法教育研究会理事长，国际茶文化研究会理事，中央电视大学客座教授等。其作品《光》如图 7 - 15 所示。

何水法，1946 年生于浙江杭州。1980 年毕业于浙江美术学院（今中国美术学院）中国画系花鸟画研究生班。现为中国美术家协会会员，中国商业联合会艺术市场联盟副主席，文化和旅游部中国艺术研究院中国美术创作院研究员，中国美术家协会浙江创作中心常务副主任，浙江省花鸟画协会副主席，西泠印

图 7 - 15　王冬龄《光》（**69 厘米 × 58 厘米**）

社社员，浙江画院艺术委员会委员，福建省画院名誉院长，福州画院名誉院长，杭州师范学院美术学院名誉院长，一级美术师等。其作品《不灭的油灯》如图 7 - 16 所示。

　　宋玉麟，1947 年生，江苏太仓人。自幼在其父宋文治指导下习画。1969年毕业于上海戏剧学院舞台美术系，1979 年进入江苏省国画院。曾任江苏省美术馆馆长。现为江苏省国画院院长，一级美术师，江苏省文联副主席，中国美术家协会会员等。其作品《灯下读书图》如图 7 - 17 所示。

　　刘二刚，1947 年生于江苏镇江，祖籍山东。结业于中国艺术研究院中国画名家研修班。1978 年进镇江中国画院开始专业国画创作。曾为《江苏画刊》编辑。现为南京书画院一级美术师。其作品《三更灯火五更鸡》如图 7 - 18 所示。

图 7 - 16　何水法《不灭的油灯》
（68.5 厘米 ×38 厘米）

图 7 - 17　宋玉麟《灯下读书图》（46 厘米 ×34.5 厘米）

　　王孟奇，1947 年生于江苏无锡。1977 年毕业于南京艺术学院中国画专业。现为上海大学美术学院教授、南京艺术学院客座教授，上海中国画院画师，中国美术家协会会员等。其作品《曾伴才子夜读书》如图 7 - 19 所示。

　　陈永锵，1948 年生于广州，广东南海人。1981 年毕业于广州美术学院，获文学硕士学位。曾任广州画院院长、广州市文化局副局长等。现任岭南画派纪念馆馆长，广州市文学艺术界联合会常务副主席，中国美术家协会理事，广东省美术家协会副主席，广州市美术家协会副主席，广州市教育基金会少儿美术教育委员会会长，广州市文史研究馆馆员，一级美术师等。其作品《醉里挑灯看剑》如图 7 - 20 所示。

　　卢延光，1948 年生于广州，广东开平人。曾任广州美术馆馆长，广州艺术博物院院长等。现为广州文史研究馆副馆长，中国美术家协会会员，广东省美术家协会副主席，广州市美术家协会主席，一级美术师，广东画院特聘画家等。其作品《宋魂》如图 7 - 21 所示。

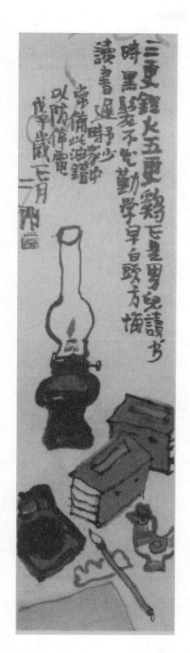

图 7 – 18　刘二刚《三更灯火五更鸡》
（58 厘米 × 17.5 厘米）

图 7 – 19　王孟奇《曾伴才子夜读书》
（48 厘米 × 36 厘米）

图 7-20　陈永锵《醉里挑灯看剑》（88 厘米×70 厘米）

图 7-21　卢延光《宋魂》（132 厘米×65 厘米）

朱道平，1949年生，浙江黄岩人。毕业于南京艺术学院美术系。现为南京书画院院长，一级美术师，中国美术家协会理事，江苏省美术家协会副主席，南京市美术家协会主席，南京市文联副主席等。其作品《手提灯与墨水灯》如图7-22所示。

图7-22 朱道平《手提灯与墨水灯》（33厘米×43厘米）

施大畏，1950年生，浙江吴兴人。毕业于上海大学美术学院中国画系。1978年，调上海人民出版社任专职创作员。1986年任上海中国画院专职画师。现为上海中国画院院长、一级美术师，中国美术家协会副主席，上海美术家协会主席，上海美术家协会中国画艺术委员会主任，上海市文学艺术界联合会委员，上海大学美术学院兼职教授等。其作品《灯》如图7-23所示。

周顺恺，1950年生于重庆。现为中国美术家协会会员，重庆市美术家协会副主席，重庆国画院院长，一级美术师。其作品《杜甫灯下苦吟》如图7-24所示。

图 7 - 23 施大畏《灯》(48.5 厘米 × 44.5 厘米)

图 7 - 24 周顺恺《杜甫灯下苦吟》(79.5 厘米 × 48.5 厘米)

黄格胜，1950 年生于广西壮族自治区。1982 年广西艺术学院研究生毕业并留校。现为中国文学艺术界联合会委员，中国美术家协会理事，中国美术家协会国画艺术委员会委员，教育部高等院校艺术教育指导委员会副主任，广西区政府学位委员会委员，广西文学艺术界联合会副主席等。其作品《油灯时期读书》如图 7 - 25 所示。

图 7 - 25　黄格胜《油灯时期读书》（138 厘米 × 34.5 厘米）

第三节　油 之 文 趣

一、古代文学作品中的"油"

（一）油壁车

油壁车是古代一种以油涂饰车壁的车。车壁都縻以油漆，有的绘有彩饰，四周或四角挂有流苏或彩帛，多为贵族妇女所乘用。陆龟蒙《奉和袭美太湖诗·圣姑庙》中有"空登油壁车，窈窕谁相亲"；罗隐《江南行》中有"西陵路边月悄悄，油壁轻车苏小小"。《南齐书·鄱阳王萧锵传》载"制局监谢粲说锵及随王子隆曰：'殿下但乘油壁车入宫，出天子置朝堂。"黄机的《沁园春·次岳总干韵》中有"记海棠洞里，泥金宝罳，酴醾架下，油壁钿车。"《西湖佳话·西泠韵迹》中有"遂叫人去制造一驾小小的香车来乘坐，四围有幔幕垂垂，遂命名为油壁车。"

宋代晏殊的《无题·油壁香车不再逢》曰云："油壁香车不再逢，峡云无迹任西东。梨花院落溶溶月，柳絮池塘淡淡风。几日寂寥伤酒后，一番萧索禁烟中。鱼书欲寄何由达，水远山长处处同。"这是一首情歌。诗人与情人由于某种原因被迫分离，留下了无穷无尽的相思。面对寒食春景，他思绪起伏，写了这首勾心摄魄的感叹诗。首联飘忽传神，一开始出现的便是两个瞬息变幻的特写镜头："油壁香车"奔驰而来，又骤然消逝；一片彩云刚刚出现而又倏忽散去。写的都是物像，却半隐半露，寄寓了一段爱情周折，揭示主旨。车是这样的精美，则车中人的雍容妍丽，可以想见。然而这样一位美人却如巫山之云，来去无踪，重逢难再，怎不令作者怅惘。"油壁香车"是古时女子所乘装饰华丽的小车，在此处指代心中的佳人。"峡云"暗用楚襄王和巫山神女梦中相会的美丽传说，渲染浓密的爱情气氛。

宋代康与之的《长相思·游西湖》云："南高峰，北高峰。一片湖光烟霭中。春来愁杀侬。郎意浓，妾意浓。油壁车轻郎马骢，相逢九里松。"南有高峰，北也高峰，两峰之间，一片湖光锁在烟霭迷蒙之中。春天来了，面对美好的湖光山色，愁绪万千种。郎的情意浓浓，妾也情意浓浓，妾坐油壁香车，郎骑青骢宝马，记得，在九里松初次相逢。"油壁车轻"二句，是对前面两句的表述，写他们的初次见面。"九里松"是他们初见的地点，那地方是"钱塘八景"之一，为葛岭至灵隐、天竺间的一段路。唐刺史袁仁敬守杭时，植松于左右各三行，长九里，因此松荫浓密，苍翠夹道。当然，文学作品也允许虚构的，它可以虚构富于诗意的情景；故我们对男女主人公的首次相遇，是否郎骑骢马妾乘车，是否在九里松，都不必过分推敲。

（二）油幕

油幕亦作"油幙"，是指涂油的帐幕，在很多古诗词中都有描写。《宋书·刘瑀传》云："朱修之三世叛兵，一旦居荆州，青油幙下，作谢宣明面见向，使斋师以长刀引吾下席。"唐代司空曙的《送人归黔府》云："油幕晓开飞鸟绝，翩翩上将独趋风。"五代王仁裕的《开元天宝遗事·油幕》云："长安贵家子弟每至春时游宴，供帐于园圃中，随行载以油幕，或遇阴雨，以幕覆之，尽欢而归。"旧时亦借指将帅的幕府。唐代刘禹锡的《览董评事思归之什因以诗赠》云："几年油幕佐征东，却泛沧浪狎钓童。"宋代陆游的《上王宣抚启》云："昨属元臣，暂临西鄙，获厕油幕众贤之后。"武元衡的《同洛阳诸公饯卢起居》云："赤墀方载笔，油幕尚言兵"。

（三）油幢

油幢指用桐油涂饰过的一种伞形遮蔽物，因多用青绿色，所以也写作"碧油幢"，简称"青油"，同样出现在众多古诗词中。《南史·萧韶传》云："韶接信甚薄，坐青油幕下，引信入宴。"唐代韩愈《晚秋郾城夜会联句》云："从军古云乐，谈笑青油幕。"唐代刘禹锡的《酬令狐相公早秋见寄》云："熊罴交黑槊，宾客满青油。"宋代杨万里的《野炊白沙沙上》云："旋将白石支燃鼎，却展青油当野庐。"清代陈章的《忆旧游·记苹花雪里》云："燕寝凝香地，又君悬绛帐，我卧青油。"

唐代柳宗元《柳河东集》卷三十五《谢襄阳李夷简尚书委曲抚问启》："伏惟尚书鹗立朝端，风行天下，入统邦宪，出分主忧，控此上游，式是南服。凡海内奔走之士，思欲修容于辕门之外，踢履于油幢之前……"古代战争中高级将领备有幢盖，借以遮阳防雨，居中指挥。柳宗元在答谢李夷简的书启中用"油幢"代称当时作为山南节度使的李夷简。后多用以咏将帅。

唐代张仲素《塞下曲》："猎马千行雁几双，燕然山下碧油幢。"亦省作"碧油"。唐代杨巨源的《和汴州令狐相公白菊》："今来碧油下，知自白云乡。"宋代曾巩《送叔延判官》诗："君子从戎碧油下，绿发青瞳笏袍整。"

（四）油旌

油旌指古代的一种军旗。唐代元稹《赠李十一》云："淮水连年起战尘，油旌三换一何频。"

（五）油云

油云即雨云。语出《孟子·梁惠王上》："天油然作云，沛然下雨"。晋代陆机《赴太子洗马时作诗》云："谷风拂修薄，油云翳高岑。"唐代包佶《祀雨师乐章·送神》云："跪拜临坛结空想，年年应节候油云。"宋代陆游《夏雨》云："忽闻疏雨滴林梢，起看油云满四郊。"《叶相最高亭》云："肤寸油云泽天下，大千沙界纳胸中。"林百举《梦作诗数首醒记三句足成二绝》云：

"油云幕幕雨丝丝，正近江城梅落时。"

（六）油与《红楼梦》

1. 鸡油卷儿

《红楼梦》第三十九回写到以下场景。贾宝玉与众姐妹在大观园藕香榭内结诗社。藕香榭盖在池子当中，四面有窗，左右曲廊跨水接岸，后面有曲折竹桥暗接。众姐妹吟诗说笑，真是神仙过的日子。有没有神仙吃的食品呢？在热闹高潮时，凤姐将鸡油卷儿放在食盒里送来。食盒打开，香味扑鼻，马上吸引姑娘们围过来。姑娘们一手拿毛笔写诗，一手拿鸡油卷儿品尝。众人都称赞鸡油卷儿是点心中的极品。

鸡油卷儿，据清代《调鼎集》记："鸡肉切大薄块片，火腿丝、笋丝为馅，做卷，拖豆粉，入油炸，盐叠。"即在炸好的鸡卷上撒上少量细盐，一层层叠放盘中。

其实，鸡油卷儿现代有多种卷法。一种是油卷鸡，用鸡脯肉、猪肉、火腿均切成4厘米长、3毫米粗的肉丝，荸荠去皮切成3毫米粗的丝，盛入碗内，加入精盐、胡椒粉、蛋清、绍酒拌成鸡馅。鸡油披成薄片，搌于水，平铺在案板上，抹上蛋清糊。放入鸡馅，裹成直径1厘米、长5厘米的鸡卷，用竹签在鸡卷上戳孔放气。再沾上一层干生粉，下油锅炸熟透呈金黄色，捞起，刷上芝麻油，盛入盘中。另配糖醋生菜、黄瓜上桌。外脆里嫩、鲜香浓郁。另外有蛋皮鸡油卷儿，用蛋皮包鸡肉、鸡油（5:1）馅，油炸。还有鱼片鸡油卷儿，将生鱼肉用斜刀切成"双飞"形鱼片，加味精、精盐拌至起胶性，包鸡油肉馅，拍生粉油炸。更有特色的菜包鸡油卷儿，将大白菜入开水稍烫一下，包鸡油肉馅，用蛋清生粉糊蘸后，油炸。国外还有"洋鸡油卷儿"，称俄罗斯基辅鸡，又名黄油鸡卷。用鸡翅带胸肉去骨，去筋后拍薄，撒少量盐，将奶油和鸡油搓成条状，放鸡肉内，卷成香蕉形，沾面粉再沾上蛋液，拍上面包糠，中火炸至金黄色。奶油鲜香，鸡卷脆嫩，中西餐皆宜。人们总以为鸡油卷中鸡油、鸡肉含较多脂肪，但其中人体必需脂肪酸含量很高，占脂总量25%，是动物油脂中最高的，而猪、牛、羊肉中只占5%~9%。必需脂肪酸是组织细胞的组成成分，对细胞膜结构合成特别重要，参与脑细胞中脑磷脂合成，对脑神经系统的发育、生长影响很大。而且参与卵磷脂合成，与动物生殖系统精细胞和卵细胞发育、前列腺素生成有关。膳食中长期缺乏，可出现痴呆、皮肤湿疹、出血、不孕、不育症。油炸鸡油卷儿，色泽金黄、脆嫩鲜香、美味浓郁、补脑生精，的确是油炸食品中的精品。

2. 内造瓜仁油松瓤月饼

《红楼梦》第七十六回写道："说着，便将自己吃的一个内造瓜仁油松瓤月饼，又命斟一大杯热酒，送给谱笛之人，慢慢地吃了再细细地吹一套来。"

内造瓜仁油松瓤月饼具体的制作方法为："用山东飞面作酥为皮，中用松仁、核桃仁、瓜子仁为细末，微加冰糖和猪油作馅。食之，不觉甚甜，而香松柔腻，迥异寻常。"

另外如"杨中丞西洋饼"，做法为："用鸡蛋清和飞面作稠水放碗中，打铜夹剪一把，头上作饼如碟大，上下两面铜合缝处不到一分。生烈火烘铜夹，一糊、一夹、一燋，顷刻成饼，白如雪，明如绵纸。微加冰糖、松仁屑子。"

3. 蜜里调油

真朋友，淡中如水；假朋友，蜜里调油。这是句谚语。前半句，淡中如水，应该与"君子之交淡如水"一样理解，不求同富贵，但求共甘苦。后半句，蜜里调油，实际上是贬义，指表面上亲密无间，但无法共患难。

蜜里调油单独作为成语应该是褒义。《红楼梦》第九十七回："宝玉一日家和我们姑娘好的蜜里调油，这时候总不见面了，也不知是真病假病。"在这里的意思是蜜和油调在一起，比喻非常亲密和好，比喻人的感情亲密无间。

4. 烈火烹油，鲜花着锦

《红楼梦》第十三回："眼见不日又有一件非常的喜事，真是烈火烹油、鲜花着锦之盛。"在红楼梦中描述的是元春封为皇妃，回家省亲，贾府为此兴建别墅，极尽奢华之事。

在现代一般指用炽烈的大火煮油脂，把鲜花附着在织锦上，比喻好上加好，也形容更加热闹，更有排场。

（七）油与《卖油翁》

《卖油翁》是宋代文学家欧阳修创作的一则写事明理的寓言故事，记述了陈尧咨射箭和卖油翁酌油的故事，通过卖油翁自钱孔滴油技能的描写及其对技能获得途径的议论，说明了熟能生巧的道理。

陈尧咨是宋真宗时的进士，工书善射，历任真宗、仁宗皇朝的大官。因为权势重，他"豪侈不循法度"而"性刚决"，常常盛气凌人。他与其兄尧叟、尧佐皆身居要职，一门显贵。

本文很短，只有两段，但不平板，而是波澜起伏，很能吸引读者。浅显中寓深刻的哲理，比一般议论文更生动形象，更令人信服。

第一段记卖油翁观陈尧咨射箭时的态度。陈尧咨擅长射箭，本领高强。但他以此自夸，这就引起下文卖油翁对他的不满。因此说，矛盾产生的根源是陈尧咨的骄傲态度。有一次陈尧咨在家里的场地上射箭，老人放下油担站着看，久久不肯离开。"睨之"说明卖油翁对陈尧咨趾高气扬的表现看不惯，预示矛盾即将爆发。双方对"发矢十中八九"的评价不一：陈尧咨当然是洋洋自得，卖油翁只是微微点头，略表赞许。矛盾趋向表面。此段是略写，但略中有详。因为卖油翁是文章的主体，所以对陈尧咨只作粗笔触地勾勒，而对卖油翁用墨较多，"释担而立""睨之""但微颔之"细描几笔即神态毕肖，活脱脱如在眼前。

第二段写卖油翁酌油的高超技艺，说明只要勤学苦练，任何技术都是可以精益求精的。先写陈尧咨问老翁的话。前一句"汝亦知射乎"是一般疑问句，但话中已蕴含着对卖油翁的轻视；后一句"吾射不亦精乎"是反问句，他按捺不住一贯的"自矜"之情，自吹自擂起来，而且显然对卖油翁的"睨之""微颔之"进行报复。真是锋芒毕露、不可一世。这是封建社会统治集团成员看不起劳动人民的等级观念的自然流露。至此，矛盾爆发并迅即向前发展。面对陈尧咨的傲慢态度，卖油翁毫不退让，只是冷冷地回答了一句极平常而又极在理的话："无他，但手熟尔。"（没有什么特别的地方，只不过是手熟罢了。）软软地使陈尧咨碰了个钉子。这下子陈尧咨激怒了，"忿然曰：'尔安敢轻吾射!'"自矜得意的语气改为气愤责骂的口气，一般用语的"汝"字被换成轻蔑用语的"尔"字。闻其声如见其人。作者极省俭而又栩栩如生地勾勒出这位大官僚的一身傲态。卖油翁却依然冷静，在争论中决不放弃主动权，他机智地不直接回答陈尧咨的责问，仍循着自己的思路，说："以我酌油知之。"至此，矛盾发展到了高潮。接着，作者细致地写老人用实践来证明自己的观点。只见他取出葫芦放在地上，再用一枚铜钱盖在口上，然后"徐以杓酌油沥之"。居然，奇迹般地出现了油从钱孔注入葫芦而"钱不湿"的情景。老人艺高胆大，一个"徐"字写尽他从容不迫、充满信心的样子（可以想象，如果实践失败，"暴决"的陈尧咨会干出什么来）。而实践成功之后，老人"因曰：'我亦无他，惟手熟尔。'"老人谦虚的神态跃然纸上，而"熟能生巧"的道理也印进读者的心坎。卖油翁的这手绝技使陈尧咨不得不惊异，"手熟"之说也使陈尧咨不得不折服。这位康肃公也就不得不苦笑着打发老人家走了。矛盾遂告解决，文章也至此结束。据宋史记载：陈尧咨曾经以铜钱为靶子，一发而贯其中。这样看来，卖油翁对他的规劝起了作用，他大概戒掉了骄傲情绪，在技术上精益求精，才取得了这样的成果吧。这件事再次证明"高贵者最愚蠢，卑贱者最聪明"的真理。

二、近现代文学作品中的"油"

1.《油麻菜籽》

《油麻菜籽》是中国台湾作家廖辉英所撰写的小说，1983 年被改编为电影作品。闽南人用"油麻菜籽"比喻女人的命运，说她们像油麻菜籽一样随风飘散，落到哪里长到哪里。

2.《一坛猪油》

《一坛猪油》是当代作家迟子建创作的短篇小说，该小说从妻子"我"携子给丈夫老潘带的一坛猪油写起，讲述了一对林木工人夫妇一生中发生的故事。

1956 年，三十来岁的"我"带着三个孩子，投奔大兴安岭林区小岔河经营所工作的丈夫老潘。临行前，邻居霍大眼以一坛猪油换了"我"两间歪歪斜斜的泥屋。前去小岔河的路上，"我"和孩子们先来到了老鸹岭。客栈的店主见了坛子，一眼相中它，几次纠缠要买。然而老板娘极力反对，为此还撞了拴马柱子以示抗议。第二天，妥协的老板娘让"我"留下那个坛子。店主深受感动，即使心中仍有留恋，也不要猪油坛子了。

虽然历经坎坷，但"我"一直抱着这坛猪油，直到等来接"我"的崔大林。崔大林是老潘派去接"我"和孩子的同事。一起骑马去林场时，那坛猪油打碎了。"我"只能和崔大林趴在地上用碗、罐子还有破油伞，把猪油盛了起来。"我"到林场后，和老潘又生了儿子苏生，小名叫蚂蚁。多年后，蚂蚁因为爱情去了苏联，从此杳无音讯。林场中，扬州美人、林场的小学教师程英，由于看上崔大林的戒指，嫁给了他。婚后的两人厄运连连。程英为了找回洗衣丢失的戒指落江而死。崔大林也因此丢了魂儿。最终，崔大林拒绝蚂蚁意外捕捞并送还给他的戒指，而且主动向"我"说出实情，他当初盛油时偷偷藏起了猪油里的大宝石戒指。"我"方才知晓霍大眼喜欢"我"的事情。

3. 其他作品中的油

现代作家老舍写过《内蒙东部纪游 陈旗草原二首之二》："主人好客手抓羊，乳酒酥油色色香。祝福频频难尽意，举杯切切莫相忘。老翁犹唱当年曲，少女新添时代装。蒙汉情深何忍别，天涯碧草话斜阳。"酥油是藏族传统食品，是从牛奶、羊奶中提炼出的脂肪。诗歌生动描绘出草原上人们款待客人的场景。

第四节　油 之 俚 语

一、诙谐有趣的打油诗

打油诗是一种富于趣味性的俚俗诗体，据传因中国唐代张打油而得名。他曾作一首《雪诗》："江上一笼统，井上黑窟窿。黄狗身上白，白狗身上肿。"这首诗通篇写雪，但不见一个"雪"字，然而雪的形神跃然，尤其是最后一个"肿"字非常传神。张打油的诗因其别树一帜、引人注目，开创了一个崭新的诗体。

后世则称这类出语俚俗、诙谐幽默、小巧有趣的诗为"打油诗"。另外，有时作者作诗自嘲，或出于自谦，也称之为"打油诗"。打油诗内容和词句通俗诙谐、不拘于平仄韵律，要求的文学知识和格律不高，但一定会押韵，亦通常是五字句或七字句组成，便于普通人口耳相传。

（一）历史上的打油诗

《题黄鹤楼》唐·李白

一拳捶碎黄鹤楼，一脚踢翻鹦鹉洲。眼前有景道不得，崔颢题诗在上头。

《戏赠杜甫》唐·李白

饭颗山头逢杜甫，头戴笠子日卓午。借问别来太瘦生，总为从前作诗苦。

《竹笋焖肉》宋·苏轼

无竹令人俗，无肉使人瘦，不俗又不瘦，竹笋焖猪肉。

《一树梨花压海棠》宋·张先

我年八十卿十八，卿是红颜我白发。与卿颠倒本同庚，只隔中间一花甲。

相传苏轼和张先是很要好的朋友。张先八十岁的时候，纳了一房小妾，这个小妾的年龄恰好是十八岁。于是，张先自己就作了以上打油诗。

苏轼知道了以后，也写了一首送给张先：

十八新娘八十郎，苍苍白发对红妆。鸳鸯被里成双夜，一树梨花压海棠。

梨花是白色的，用来形容八十岁老人的白发，海棠花是红色的，用来形容十八岁少女的红颜。

《清廉为官诗》明·徐九经

头戴乌纱帽，当官不省劲。平事我不管，专管不平事。

《讽"到此一游"诗》清·孙维奇

粉白墙上狗屁多，不成诗文不成歌。如若是有真才学，为何当年不登科？

《早餐诗》宋·杨万里

船中活计只诗编，读了唐诗读半山。不是老夫朝不食，半山绝句当早餐。

宋代诗人杨万里，每日坚持晨读，十分刻苦，不许人去打扰，每每忘记了早餐，还写了这首打油诗作为自嘲。

历史上写"打油诗"最多且最出彩的，当属明代的解缙。

解缙号称是明朝第一才子，曾任内阁首辅、《永乐大典》总纂修等。他从小聪颖过人，8 岁时已能诗能文。18 岁那年，解缙在乡试中得了第一名解元，当时天下小雨，解缙喜极不慎滑倒，村人笑他。解缙出口成章作了打油诗《春雨》："春雨贵如油，下得满街流。跌倒解学士，笑煞一群牛。"听到解缙随口吟出的打油诗，大家笑得更欢了。

中国油文化

解缙才华出众，深得明太祖朱元璋厚爱。一次，朱元璋想考考解缙，便说后宫有位妃子生了个孩子。解缙不假思索地脱口而出："吾皇昨夜降金龙。"朱元璋说："是位千金。"解缙对曰："化作仙女下九重。"朱元璋叹道："可惜死了。"解缙紧跟着来了一句："料是人间留不住。"朱元璋又道："丢到金水河去了。"解缙仍是口若悬河："翻身跳入水晶宫。"

还有一次，朱元璋约解缙一起钓鱼，皇帝一条都未钓到，解缙却钓了好几条，见朱元璋面有不悦，解缙乐呵呵地为朱元璋送上一首打油诗《垂钓》："数尺丝纶落水中，金钩抛去永无踪。凡鱼不敢朝天子，万岁君王只钓龙。"

（二）近现代的打油诗

到了近代，打油诗更是成为人们反映现实生活，表现人民的思想、要求和愿望的工具，具有鲜明的时代特点，但它的艺术风格没有改变。

鲁迅先生曾写了四句《南京民谣》打油诗："大家去谒陵，强盗装正经；静默十分钟，各自想拳经。"

解放战争后期，著名诗人袁水拍有一首《咏国民党纸币》的打油诗："跑上茅屋去拉屎，忽然忘记带草纸，袋里掏出百万钞，擦擦屁股满合适。"这是对国统区通货膨胀的幽默讽刺，反映国民党的经济危机和政治黑暗。

新中国成立后，出现了反映各个年代现实的打油诗，如二十世纪五十年代有一首《干部下乡》的民谣打油诗："下乡背干粮，干活光脊梁。早上挑满缸，晚睡硬板床。"反映的是解放初期干部清正廉洁、以身作则、吃苦耐劳的精神。

陈毅写了《咏原子弹》的打油诗："你有原子弹，我有原子弹，大家都有弹，协议不放弹。"这是针对美国的核垄断、核讹诈和核威胁的，表明中国政府的态度和立场。

四川武胜的尹才干有几首诗比较有意思，如《浪》："一浪一浪又一浪，浪浪撞在石头上；明知前浪折了腰，后浪还要跟着上。"《时光叹》："时光催人老，不比不知晓。少年在眼前，才觉白发早。"《故乡》："君自遥远故乡来，却说故乡在眼前。来日村口茶飘香，何不饮后才向前。他日回到故乡去，可知茶味如从前？"

打油诗是作者对现实社会、现实生活假恶丑的感应，当然也有对真善美的感应，它是典型的俗文学，其魅力在于它的趣味性、知识性和故事性。不但诗本身有趣、幽默、俚俗，暗含讥讽，包容文史知识，体现名人的个性、爱好、逸事和思想，而且很多与诗有关的故事也很生动有趣，深受人们喜爱。

二、与油最早的用途有关的熟语

史籍的《隋书·炀帝纪》曾提到避雨用的"油衣":"尝观猎遇雨,左右进油衣,上曰:'士卒皆沾湿,我独衣此乎!'乃令持去。"这里的"油衣"用的是桐油。

点灯应是油较早的用途,唐代韩愈在《进学解》中形容照明说"焚膏油以继晷"。油灯起源于火的发现和人类照明的需要。含油熟语作为一种语言现象,是反映人类文明历史的照明工具油灯形制的一个重要佐证。如:

不拨灯不添油——省心(芯)

灯盏无油——火烧心(芯)

灯盏无油——光费心(芯)

灯尽油干——玩儿完

熬尽了灯油——烧心(芯)

灯盏添油——不变心(芯)

大风天的油灯——吹了

灯是用于照明的工具,实际上只要有盛燃料的盘形物,加上油和灯芯就能实现最原始的功用。早期的灯,类似陶制的盛食器"豆"。"瓦豆谓之登(镫)",上盘下座,中间以柱相连,虽然形制比较简单,但却奠立了中国油灯的基本造型。以上歇后语,通过灯盏灯芯、点灯用油、拨灯添油、油助芯燃的描述,就反映了油灯的基本形制和特点。

油灯在过去的时代里和人的生活密不可分。它在中国不仅是一种实用的器皿,而且有着丰富的文化内涵。它燃烧自己、照亮别人的品格,曾经在逝去的年代里为历代文人雅士不断吟诵。魏晋时期庾信的《灯赋》,江淹的《灯赋》,谢朓的《咏灯诗》,唐代韩愈的《短灯檠歌》,皆取材于灯而寓有深意。此外,灯火之所以能保持旺盛甚至越来越旺盛,那是因为有油及时补充,添加到灯里去以满足灯火燃烧的需要。如果灯里的油量不能满足灯火燃烧的需要,那么,无论多旺盛的灯火,都必将逐渐油尽火熄。所以,现在人们常用成语"油干火尽"来形容罄尽;用"油干灯尽"和"灯尽油干"比喻人的精力或财力都消耗一空;用"油干灯草尽"比喻很快就要死亡;用"油尽灯枯"形容人被消耗得心力衰竭,生命垂危;用"长添灯草满添油"比喻做好充分准备;用"不费灯芯也费油"比喻无法节省,总得有些损耗、花费;用"出了灯油钱,站在黑地里",比喻付出代价,没有报酬。用"有芯无油总枉然"指白费心机,不起作用。用"省油灯"比喻耗油少的灯盏,喻指安分、老实,不愿招惹麻烦的人,相反,用"不是省油的灯"这句俗语来表示四处惹祸,不规矩安分的人。"不是省油的灯"有时有褒义,意指精明,干练,有根底,有来头，主意多，智慧高，或非同一般，不简单。但大多情况下含贬义，暗指某人工于心计，奸狡圆滑，老谋深算，不好对付，不甘寂寞，从不吃亏，惯于损人利己等。

当然，从字面来看，"省油灯"和"不是省油的灯"的熟语也记载反映了陶瓷文化、科技文化中的节能历史。几千年来的中华照明文明史中，省油灯堪称我国古代陶瓷工匠的一大创造发明，具有相当的科学价值。过去灯油大都采用豆油作燃料。古人奉行勤俭，尤其是清贫文人最注重节油，唐代邛窑生产的省油灯即满足了这种社会需求。它的特点是盛油部位的油碗采用了中空的双层结构，以空气隔热。有的可注入凉水降低燃油温度，减少灯油不必要的蒸耗。此种类型的省油灯很受欢迎。陆游在《老学庵笔记》曾评述道："宋文安公集中，有《省油灯盏》诗，今汉嘉有之，盖夹灯盏也。一端作小窍，注清冷水于其中，每夕一易之。寻常盏为火所灼而燥，故速干，此独不然，其省油几半。"对陶瓷省油灯赞美可谓溢于言表。从另一个角度来说，中华民族节油的文化史为熟语"不是省油的灯"的产生提供了社会基础。

三、与事象有关的歇后语

每种语言都或明或暗地刻画了一个世界图景，构成了一个语言世界。汉语的含油熟语就反映了汉民族重油的民俗形态和民俗事象。汉语中有"属芝麻的——不打不出油"和"少一粒芝麻不缺油"的熟语。"属芝麻的——不打不出油"比喻只有高压才能使人出血或出力。"少一粒芝麻不缺油"比喻少了这一份无足轻重，无妨大局。除了其形象的寓意外，这两条熟语反映了植物油产生的历史背景。

中国古时食用动物油很早，烹饪史料表明中国人先用脂后用油，脂油之间有很长的过渡时期。使用相当长时间的动物油后，由于榨油技术的诞生，才始有素油。素油的提炼，大约始于汉，芝麻油是最早的素用食油。

素油是榨制而成的，"属芝麻的——不打不出油""少一粒芝麻不缺油"和"糠里榨不出油来"（喻穷困窘迫。又喻吝啬、奸诈）"荞麦皮里挤油——死抠""荞麦皮榨油——无中生有""糠里榨不出油来"一方面是概括说理，另一方面也反映出油是榨制加工而成的。

油坊，榨植物油的作坊，油缸、油瓮、油篓、油壶、油瓶、葫芦，均为盛油的器皿。以油坊、油缸、油篓、油壶、油瓶、葫芦为题的汉语形成了众多脍炙人口的熟语。例如：

耗子钻油坊——吃香
皮球掉在油缸里——又圆又滑
油瓮里捉鲇鱼——抓不住

打破油缸寻芝麻——因小失大

红萝卜掉油篓——又奸（尖）又猾（滑）

老鼠钻油壶——有进无出

倒了油瓶不扶——袖手旁观；懒到家了

八个油瓶七个盖——东挪西借

打烂葫芦洒了油——一无所得；倒霉透了

扳倒葫芦洒了油——一不做，二不休，也作"一不做二不休，扳不倒葫芦洒不了油"。

唐朝赵元一《奉天录》卷四："光晟临死言曰：'传语后人，第一莫作，第二莫休。'"一不做，二不休，原意是要么不做，做了就索性做到底。指事情既然做了开头，就干脆全部完成，形容下最后的决心。用"扳倒葫芦洒了油"与"一不做，二不休"作比连用，来表示要么不做，做了就索性做到底的意思，既高度概括，又极为形象生动。

歇后语"倒了油瓶不扶——袖手旁观""倒了油瓶不扶——懒到家了"另有俗语的表现形式——"推倒了油瓶儿不扶"。"推倒了油瓶儿不扶"比喻遇见急难不救助，在旁看笑话。此外，俗语"不拿油瓶腻不了手"喻不参与进去，不会受牵连，惹麻烦。"嘴上挂得油瓶"，形容人恼怒时嘴噘起的神情。

烹调手段离不开油。《梦溪笔谈》就记有，"今之北方人，喜用麻油煎物"。烹调用油又离不开锅。因此，以油锅为素材形成了众多含油熟语。

油锅通常指盛有沸油的锅，常用来比喻险境。最凶险不过的就属"下油锅"了。惯用语"下油锅"喻指受熬煎，受酷刑。旧时迷信说法，人在生前造了孽，死后到阴间要受下油锅的酷刑。梁实秋先生曾说，"下油锅"乃是阳间之人所能想象的阴间里最酷的酷刑。"下油锅"与"上刀山""下火海"一样，都是置于险地的代名词。汉语涉"油锅"的歇后语有：

滚油锅里捡金子——难下手

滚油锅里撒盐巴——炸了；炸起来了

滚油锅里炸油条——翻来覆去

冷水浇进了热油锅——炸了锅了

锅里的炸油条——翻来覆去

臭豆腐下油锅——有点香

啄木鸟下油锅——嘴硬骨头酥

以"油锅"为题的俗语有"油锅内添上一把柴"，比喻使事情更加恶化。

油助燃，与火有着内在的关联。西晋张华《博物志》卷四说："积油满万石，则自然生火。""火上浇油"就反映了油能生火，油助火燃，火见油旺的特性。"火上浇油"大概是妇孺皆知的汉语成语，比喻于矛盾中增加激化因素，使人更加恼怒，或使事态更加严重。也作"火上添油""火上加油""往火上倒油""撩火加油""泼油救火"。

柴米油盐酱醋茶既可单说，也可连用，表义呈关联性、系统性。"添油加醋"，比喻叙述事情或转述别人的话，为了夸大，添上原来没有的内容。"添油加醋"有时作"添醋加油""添盐着醋"和"加油添酱"。"油儿酱儿糖儿醋儿倒在一处"是指多种味儿混杂在一起，用以比喻心里不是滋味，不自在。"打油钱不买醋"，指专款专用。"卖油的不打盐"，喻不管闲（咸）事，"隔年的黄豆"，喻不进油盐。

四、与日常有关的歇后语

人们认为饭菜中所含的脂肪多，就叫油水大，反过来就叫油水少或没油水。因此，人们习惯把意外的物质收获、额外的好处或不正当的收入都叫"油水"，反之，则是没油水或油水不大。围绕"油水"，汉语产生了一些歇后语："狗嘴里的骨头——没多大油水""苞谷面糊——油水不大""臭虫咬胖子——沾油水""耗子啃骆驼——大有油水可捞""青菜煮豆腐——没什么油水""山差别额头的肉——没有多少油水。"另外，还产生了"讨油水、沾油水、挤油水、榨油水、捞油水"等惯用语。

"讨油水"比喻捞些好处。"沾油水"比喻从旁捞到一些好处。"挤油水"比喻施加压力、榨取非法收入。"榨油水"比喻用敲诈欺压的手段搜刮、榨取他人的钱财。"捞油水"比喻用不正当手段或适逢其会，获得好处。

油是极黏的东西，油与他人接触，总是被他人揩了些去，"揩油、揩油水"比喻占了便宜，也多指风月场所男人对女人的轻佻行为。鲁迅在《准风月谈》中曾经对"揩油"做出这样的描述："'揩油'，是说明着奴才的品行全部的。这不是'取回扣'或'取佣钱'，因为这是一种秘密；但也不是偷窃，因为在原则上，所取的实在是微乎其微。因此也不能说是'分肥'；至多，或者可以谓之'舞弊'罢。然而这又是光明正大的'舞弊'，因为所取的是豪家，富翁，阔人，洋商的东西，而且所取又不过一点点，恰如从油水汪洋的处所，揩了一下，于人无损，于揩者却有益的，并且也不失为损富济贫的正道。设法向妇女调笑几句，或乘机摸一下，也谓之'揩油'，这虽然不及对于金钱的名正言顺，但无大损于被揩者则一也。"

后来，"揩油"喻指一切占小便宜的行为。"揩油"，有时作"揩白油"。上海话有"有揩伐（不）揩猪头三"的说法，反映了一些人典型的贪小心态。

语言中的词有其广泛的概括作用，这种概括是以其所表示的事物的最根本、最突出的特征为基础的。"油"的一个特性是滑，以此为基础，"油"就有了油滑之义。如果用"油"来形容一个人说话办事，那就是浮华，不诚实。成语"油腔滑调"，指的是说话或写文章轻浮油滑，不踏实，不严肃，"粉面油头"或"油头粉面"，形容人打扮得妖艳粗俗，"油头滑脑"，形容人狡猾轻浮（也作"油头滑面""油头滑脸"），"油嘴滑舌"，形容说话油滑，耍嘴皮子。《红楼梦》第三十八回，贾母对凤姐说："这猴儿惯的也不得了，拿着我也取起笑儿来了！恨的我撕你那油嘴！"这里的"油嘴"说的是凤姐嘴上像抹了油，说话浮华，不诚实。

成语"油嘴滑舌"有时作"油嘴花唇、油嘴油舌"。表示此义的惯用语有："油嘴子"，指惯于耍嘴皮子的人。"小油嘴儿"，指说话油嘴滑舌的年轻人。"油花嘴"，指说话轻浮油滑的人。

表示油滑意义的谚语有：任你官清似水，难逃吏滑如油。

表示油滑意义的歇后语有："皮球掉在油缸里——又圆又滑""掉在油缸里的老鼠——滑头滑脑""吃麻油唱曲子——油腔滑调""吃着油条唱歌——油腔滑调""小耗子钻油篓——油嘴滑舌""手板脚板都是油——滑手滑脚""肉墩子——油透了。"

特别值得关注的是，汉语形成了一大批像"万金油、老油条、挂油瓶"这样的惯用语。这些惯用语内容精炼丰富，概括性强，且形象生动，具有很强的表现力。

"万金油"是清凉油的旧称，应用范围很广，但不能治大病。用这种说法来喻指什么都能做，但什么都不擅长的人。"老油子"指十分世故油滑的人。"老油条"本是在油锅里炸得过了火的油条，这种油条咬起来爽口，吃起来却有点苦味，常用来比喻集圆滑、世故、练达、狡猾等品质于一身的人，也指"你说你的，我行我素"老毛病总是改不掉的人。有时也用"油条"比喻老于世故的油滑的人。"吃油炒饭"，方言指说不守规矩的女子。"吃油饼"，义同"揩油"。"兵油子"即"兵痞"，指在旧军队里待得时间较长，沾染恶习，油头滑脑的士兵。"膏药油子"，指阅历多，熟悉情况而狡猾的人，"抹油嘴"，指白吃别人的酒食。"拖油瓶"，指再嫁的妇女，带前夫儿女到后夫家去，也作"带渡儿"。"油瓶头"，妇女重嫁时，带往男家的前夫所生子女。"京油子"，旧时称北京的浮浪子弟，现指某些油头滑脑的北京人。"油花和尚"，油头滑脑不守清规戒律的和尚。"油炸鬼"，比喻十恶不赦的坏人。相传南宋之后，老百姓对奸臣秦桧恨之入骨。用面粉绍制成长条，投入油锅炸烩之食，名油炸烩，即油炸桧，又名"油炸鬼"。"油博士"方言形容浑身弄到油迹的人。"油渣子"，喻指废物，没用的东西，用作骂人语。"挂油瓶"，嘴上挂油瓶，形容不如意时嘴皮翘得很高的样子。"搭麻油"，人前说讨好话，捧抬人家。义近"拍马屁"而语气较轻。"一撞三斗油"，喻人鲁莽冒失，到处闯祸。"哪有耗子不偷油",喻人有贪欲,多指好色。"鞋底上抹油"或"脚底上抹油",谓悄悄溜走,快走。"卖油娘子水梳头",油留着卖,自己不能搽。意即为他人服务,自己不能享受。

五、与民俗有关的俗语

人们习惯用"油老鼠",这个惯用语指从事偷窃、倒卖食油的人,即"油耗子",用"落缸的老鼠——怕出也费劲"比喻陷入困境难脱身。之所以这样指称,有很深的民俗基础。在民间,"老鼠偷油"是一个富有民俗情趣的话题。"小老鼠,上灯台,偷油吃,下不来……"这是中国儿童都喜欢吟唱的经典童谣。此外还有老鼠偷油的民间故事和游戏。当然,惯用语"油老鼠"已失去了幽默的色彩。

鲁迅先生有一首著名的《自嘲》诗,跋语曰:"午后,为柳亚子书一条幅云:(略)。达夫赏饭,闲人打油,偷得半联,添成一律以请之。"鲁迅这里说的打油即指"打油诗"。

"春雨贵如油"是有民俗意味的汉语俗语。在我国华北地区春旱较为严重,春雨占全年降水量的10%,再加上春季气温回升快,风天多、蒸发强烈,往往易形成连续干旱。同时,这时正是农作物播种成苗的好时期,也要求充足的水分,因而春旱显得突出。此时,若能有雨水降临,自然就显得特别宝贵,故有"春雨贵如油"之说。

"春雨贵如油,夏雨遍地流",除说明春雨的可贵外,也说明了"油"可贵。中国古代油很缺乏,也很贵,所以,也才有了用"油"来比春雨一说。此外,套用这种表达法,有时人们还说"滴水贵如油""吃水贵如油""饮水贵如油""淡水贵如油""人情贵如油""香烟贵如油"之说。可见"油"的价值非同一般。

"加油"从源头上来说是一个有外来文化意味的俗语,但早已本土化了。"加油"的"油"并非柴米油盐的油。《汉语大词典》对"加油"的解释是:一是指在汽车、飞机、拖拉机等的油箱里添加油类燃料,或在机械的轴承部分施加润滑油;二是比喻进一步努力。

为什么给别人鼓劲,鼓励别人进一步努力要喊"加油"呢?

有一说是历史上第一次汽车拉力赛,比赛进行得如火如荼,已经进入白热化阶段,观众热情高涨,对即将产生的冠军拭目以待。跑在最前面的意大利法拉利车队的5号车离冠军只有一步之遥的时候,突然熄火,观众的心顿时提到了嗓子眼上。这时,被誉为"赛车之父"的意大利人恩佐·法拉利先生大叫:"你们……加油……"四周的观众们一听,以为这是恩佐·法拉利先生对自己车队的车手的一种鼓励方式,于是也跟着恩佐·法拉利先生大叫,"加油、加

153

油……"自此以后，"加油"便成了赛场上对运动员的一种独特的鼓励方式。后来，随着体育运动越来越受到人们的喜爱、关注与重视，为赛车手和运动员"加油"的这种独特方式渐渐成为观众为他人呐喊助威的最有普遍性、最有鼓动性和最流行的方式。

第五节　油字地名

地名是一个地方在一定的社会时期政治、经济、文化、风俗的反映，纵观今天我国各省市的许多地名，其由来、演变与"油"息息相关。林林总总的各地地名，是油文化在我国发展延续的象征。我国各个地区、省市中与"油"相关的地名众多，其历史由来不一。下面仅对部分与"油"相关的地名做介绍。

一、华东地区

华东地区指中国东部地区，包括上海市、山东省、江苏省、安徽省、江西省、浙江省、福建省、台湾省八个省市，简称华东。

（一）山东省

山东省，因居太行山以东而得名，简称"鲁"，省会济南。先秦时期隶属齐国、鲁国，故而别名齐鲁。山东地处华东沿海、黄河下游、京杭大运河中北段，是华东地区的最北端省份。西部连接内陆，从北向南分别与河北、河南、安徽、江苏四省接壤；中部高突，泰山是全境最高点；东部山东半岛伸入黄海；北隔渤海海峡与辽东半岛相对、拱卫京津与渤海湾；东隔黄海与朝鲜半岛相望；东南则临靠较宽阔的黄海、遥望东海及日本南部列岛。

1. 波螺油子

波螺油子位于青岛市市南区胶东路，这条由马牙石铺就的呈扭曲转盘形状的路，宽约 5 米，形成于青岛开埠初期，当时属即墨仁化乡辖地。1922 年，苏州路西段的小道被命名为胶东路。为方便出行，胶东路铺上了马牙石，扭曲行进中将无棣二路、莱芜路、胶州路、热河路等多条马路连在了一起。胶东路的坊间名号"波螺油子"就此渐渐叫开了。大约 1924 年，波螺油子铺上马牙石，从此进入青岛百年老路行列，并在扭曲间将胶州路、热河路、莱芜一路至四路等几条路连接了起来。它的名字叫"波螺油子"，"波螺"即海螺，恰是青岛人关于海螺的地域方言，其内部绕轴呈盘旋状，这条道路与其颇有几分神似。"油子"，则是海螺的那根盘旋的"轴"，或者是吃海螺时那一轮轮绕着圈才能完整地挖出来的螺肉。当然，这条老路也被无数行人磨砺成了"油子"。

2. 压油沟

压油沟风景区，位于临沂市兰陵县，是现代农业生态旅游项目。依托压油沟老村落及压油沟水库，占地面积约 5000 亩，域内种植板栗、核桃、山楂、花椒等各种果树花卉苗木。这里三面环山，一面临水，山清水秀，人杰地灵，环境优美，这里的民居依山傍水，错落有致，民风淳朴，民俗古典朴拙，乡土气息浓郁，是典型的北方古村落代表。该风景区紧靠兰陵县城，地理位置优越，交通十分便利，占据得天独厚的旅游资源优势。

而其名称的由来与八仙传说有关，这就要提起铁拐李了，他可是八仙中资历最深的一位，别看他穿得破烂不堪，貌不惊人。他手拄的铁拐杖和身背的宝葫芦却是非常厉害的兵器。他那宝葫芦，为垭腰葫芦，既能盛酒又能喷火。就在那次八仙闹海时，东海的海水都让它给烧得通红。

这天，八位仙人云游名山大川，正行至宝山上空。年轻的韩湘子忽然停住了笛声说道："我看下面大山上花花绿绿的，必定是很漂亮的山花，我下去采一些来好供大家品赏。"蓝采和说道："在这雄伟的大山上必定有许多宝贝，我和你一起下去弄些回来。"由于说话的声音大了一些，惊动了向四处观望的铁拐李。他转过身来指着蓝采和呵斥道："你也不看看你自己的熊样，穿着一只破鞋，赤着一只脚，唱踏踏歌蛮行，不就是一个要饭的料吗，还想着什么宝贝。"

这本来是铁拐李想气气蓝采和的，哪里想到说着了韩湘子的病。韩湘子原来也是很穷的，挎着个破篮子，拿着一杆长笛子，到处要饭为生。他想："这真是要饭的刺挠花子，你铁拐李还不是小的时候偷懒，不拾柴苇才烧断的腿吗？""打人不打脸，骂人不揭短，我今天非给你个难看不行。"韩湘子想到这里，拿起笛子来到铁拐李跟前笑了笑，猛地向他腰中一戳说道："要不是恁嫂子，还能毁了腿吗！"这一戳可不要紧，只听"唿嗵"一声，犹如晴空炸雷，火光迸射。众八仙打了个寒战。向下面一看，大宝山被砸得四分五裂。这下还了得，韩湘子本来是想戏弄戏弄铁拐李的。哪里想到用力过猛，正戳着了铁拐李的软肋，疼得他臂肘一甩，把个宝葫芦捣掉了。

这样，铁拐李在众人面前丢了脸面，顿时火冒三丈，"你个小毛孩子，还我的宝葫芦！"韩湘子把两手一摊说道："这是你自己甩掉的，我有什么办法。"众人怕事情闹大伤了和气，都来劝他。韩湘子只有把花篮抛向空中，口里念念有词。片刻工夫，只见宝葫芦被慢慢吸了起来。可是，被宝葫芦砸下的地方形成了垭巴腰的大山谷了。千百年来，垭腰沟的来历就这样流传着。后来为了书写方便，经过人们的推敲演化，把"垭腰沟"写成了"压油沟"。

（二）安徽省

安徽省，简称"皖"，省会合肥市，位于中国大陆东部，1667 年因江南省东西分置而建省。得名于"安庆府"与"徽州府"之首字。

在安徽亳州正南五十里有一条河，名叫"油河"，而其名称来源于一个神话传说。古时候，有一回大旱。整整十七个月没下过一滴雨。田里寸草不生，大路上浮土没脚脖子，眼看老百姓就要渴死。专管地方雨水的小龙，心眼儿很善良，同情人民，可是"布雨娘娘"硬是不让它降雨。

有一天，王母遍请诸神吃酒，"布雨娘娘"也被邀了去。小龙趁这个机会降下雨来，老百姓盆盆罐罐里都接满了雨水。小龙因私自降雨，违犯了天条，激怒了"布雨娘娘"，被打下凡间受苦。它本是离不开水的，躺在干地上动弹不得。老百姓看到小龙为大家受了苦，都难过得哭了，纷纷把自己接的雨水端给它喝，又用水泼在它身上。后来，人们在地上挖了个坑，浇满水，让它躺在水坑里。

小龙熬过了七七四十九天，受苦的期限满了。这天清早起了大雾，它满可以乘雾飞走的，可是它并没飞走。它知道，半年以内还没有雨，以后人们怎么生活下去呢？为了搭救黎民百姓，小龙用尽全身的力气，从西向东拱出一道河。为了拱出水来，它拼命拱得深些；为了使这河在自己管辖的地盘多些，它故意拱得弯弯曲曲。小龙一气拱了三天三夜，河拱成了，它带着重伤飞走了。人们在泥水里发现了成片的龙鳞和血迹，一截一截的龙角和龙须，都悲痛地流下泪来。打那以后，这里再也不缺水了，可人们都知道这水来得不容易，从不浪费一点一滴，看得像油一样金贵。因此，便把这条河称为"油河"。如今，油河是亳州境内四大河之一，年年为两岸人民造福不浅。

（三）浙江省

浙江省，简称"浙"，地处中国东南沿海长江三角洲南翼，东临东海，南接福建，西与安徽、江西相连，北与上海、江苏接壤。境内最大的河流钱塘江，因江流曲折，称之江、折江，又称浙江，省以江名。

油车港，亦称澄溪，原是沉石荡湖流经的小河。相传在清代光绪年间，河南岸有倪家开设油车坊，远近闻名，渐有油车港之称，后因农产、水产贸易业和砖瓦业等兴起，形成市镇，以港名镇。唐、宋以后，镇区域一直属于麟瑞乡。清末至民国时期，为澄溪乡驻地（亦称澄溪镇）。中华人民共和国成立后仍建政为澄溪乡。1956年撤区并乡时，原属洪典乡有部分村庄（杨溪村）和原属池湾乡有部分村庄（冯家港村、徐家港村）均并入澄溪乡。1958年公社化时，由澄溪、南汇、荷花三个乡合并成立全县第一个公社——东风公社，1959年改称为南汇公社。1961年4月，又分为4个公社（南汇、田乐、荷花、澄溪）。1983年10月，改澄溪公社为澄溪乡。1986年1月，撤乡建镇，定名为油车港镇。此后镇政府两度南迁，先迁至栖真，现址位于马库油车港镇中学西侧。

（四）福建省

福建省，简称"闽"，位于中国东南沿海，东北与浙江省毗邻，西面、西北与江西省接界，西南与广东省相连，东面隔台湾海峡与台湾省相望。

福建宁德周宁县礼门乡油湾村，古名瑶湾，因村庄坐落于山湾且青草油绿，故名，后谐音演写为"油湾"。油湾村旧属宁德县管辖，称宁德县十八都七堡儒溪风洋境瑶弯村。始祖于清朝光绪年间（1875—1908年）自宁德溪镇迁入油湾。

二、华南地区

华南地区，中国七大地理分区之一，简称"华南"，包括广东省、广西壮族自治区、海南省、香港特别行政区及澳门特别行政区。

（一）广东省

广东省，以岭南东道、广南东路得名，简称"粤"，省会广州，是中国大陆南端沿海的一个省份，位于南岭以南，南海之滨，与香港、澳门、广西、湖南、江西和福建接壤，与海南隔海相望，划分为珠三角、粤东、粤西和粤北四个区域。

在不少人眼里，油山地名稀奇古怪。很多人刚听到油山这个地方时都以为那里有一座山，山里有很多的油。怪不得，不知情者戏诮，上油山为山油；知情者笑嘻，上油山为"游"山。其实，关于油山的由来有一段传奇的神话故事。

据史书载，孔毓炎是孔子南支的后裔。他的祖先孔温宪因避兵乱于824年在油山峰西南边的平行（今油山乡平林村）定居，曾集资在山峰东面半山腰修建了一寺庙，名叫"净明院"。传说宋高宗绍兴九年，净明院的长老得道成仙，能腾云驾雾。有一次，他带着一班和尚到江西赣州一带化缘得到一桶食油后又把它倒掉。从此，净明院右侧石壁脚下的小洞口不断有食油徐徐流出，不管寺里有多少人，流出来的油总是刚刚够吃。后来，有一个和尚起了贪心，为了让洞里流出更多的油来拿去卖，把洞口凿大了，结果流出来的不是油，而是黄色的锈水。"和尚心肝大，想吃又想卖。"这两句话成了南雄人讥笑贪心汉的口头禅。也有人说这就是油山的来由。

油山是一座"秀色可餐"的山。她群山突兀，高数百仞，有的像观音，有的似石羊，有的如笔架，有的若山鹰，气势雄伟，景象万千。因此，人们称之为"油山耸翠"。据史料介绍，清代孔毓炎曾写过一首描述油山的诗："油山如画翠连天，数染青云草染烟。百尺松衫倚屏列，一庭佳气荫阶前。"油山旖旎风光可见一斑。

油山又是一座"红色"的山。土地革命战争时期、抗日战争时期和解放战争时期，油山都是革命根据地。这里有党的组织，有革命武装。1929 年红军从井冈山来到了南雄、信丰、南康、大庾，以油山为中心组织了信庾雄县委，开展了组织农民协会，建立了苏维埃政权，打土豪分田地，在敌后进行游击战争等斗争，配合中央苏区创造根据地，向广东、湖南方面发展，打通与中央苏区、湘赣苏区的联系。红军长征以后，这里成立了赣粤边特委和军分区。1935 年红军长征后，项英、陈毅率部队从中央苏区突围来到油山，展开艰苦卓绝的三年游击战争，建立了以油山为中心的雄、信、余、康边这个粤赣边最大的游击根据地，在这里留下了许多动人的传奇故事及为争取革命胜利而浴血奋战的光辉足迹。

（二）香港特别行政区

香港，简称"港"，全称为中华人民共和国香港特别行政区（HKSAR）。香港地处中国华南，珠江口以东，南海沿岸，北接广东省深圳市、西接珠江，与澳门特别行政区隔着珠江口相望，其余两面与南海邻接。

1. 油麻地

油麻地之名与油麻地天后庙有密切关系。根据天后庙内同治九年（1870 年）所立碑记，当时该地称为"麻地"。后来到了光绪元年（1875 年），当时"麻地"是渔民晒船上麻缆的地方。不少经营补渔船的桐油及麻缆商店在那里开设，故改称为"油麻地"。根据 1873 年的差饷收手册中，在油麻地的人士除了经营船只维修、麻缆、桨橹、铁器及木材外，还有经营杂货、理发、米店、长生店、仪仗花桥等。

其实本来"油麻地"方为该地区正名，只是民间将其简化，特别港铁（当时仍为香港地下铁路有限公司）于当地设建油麻地站后，约定俗成才出现"油蔴地"的写法，今日成为该区通用名称。与香港其他旧区一样，油麻地的楼宇多数是地下和二楼为商业用途，其余的楼层是住宅。香港的著名街道庙街就在区内，庙街因油麻地天后庙而得名。每天晚上庙街的马路会摆满售卖各式各样货品和食品的摊档，有如台湾的夜市。由于货品价格比较便宜，而且街道充满地道特色，庙街已成为旅客的旅游点。

2. 油塘

油塘位于香港九龙观塘区东南部的地区，确切地理位置为蓝田以南，鲤鱼门以西北。1964 年兴建了油塘村与及高超道村等多个公共屋村，并有一个工业区。现在，油塘北部以公屋和居屋住宅为主，南部临海位置现主要用作工业发展的地区已经被政府规划成私人住宅区。

油塘的原称"马游塘"，得名于蓝田山上的马游塘村。1947 年，亚细亚石油公司购入近茶果岭二十多万方尺地兴建油库；1954 年，香港特区政府更批出现时丽港城的位置给亚细亚石油公司扩建油库，因此当时工务司署发展观塘新市镇时，将"马游塘"改名为"油塘"。而油库以北的地区，便是今日的观塘工业区。

三、华中地区

华中地区，简称"华中"，是中国七大地理分区之一，包括河南、湖北、湖南三省（按自北向南排序），华中地区国土面积约 56 万平方千米，约占全国国土总面积的 5.9%。

（一）湖北省

湖北省，位于中国中部偏南、长江中游，洞庭湖以北，故名湖北，简称"鄂"，省会武汉。湖北东连安徽，南邻江西、湖南，西连重庆，西北与陕西为邻，北接河南。湖北东、西、北三面环山，中部为"鱼米之乡"的江汉平原。

油江口，又名油水口，即油水入江之口。因地处油江与长江汇流处而得名。汉献帝建安十三年（208 年）赤壁之战后刘备南取武陵、长沙、桂阳、零陵四郡，又立营于此，改名公安，故址在今湖北公安县东北。油江，即古油水，长江的支流。

（二）河南省

河南省，古称中原、豫州、中州，简称"豫"，因大部分位于黄河以南，故名河南。河南位于中国中东部、黄河中下游，东接安徽、山东，北界河北、山西，西连陕西，南临湖北，呈望北向南、承东启西之势。河南是中华民族与中华文明的主要发祥地之一，中国古代四大发明中的指南针、造纸、火药三大技术均发明于河南。历史上先后有 20 多个朝代建都或迁都河南，诞生了洛阳、开封、安阳、郑州、商丘等古都，为中国古都数量最多最密集的省区。河南有老子、庄子、墨子、韩非子、商鞅、张良、张衡、杜甫、吴道子、岳飞等历史名人。

上油岗乡位于潢川县东北部，北靠淮河，西依小潢河，东临白露河，中部长岗隆起，地势半岗半湾，地处三河夹一岗。上油岗历史文化悠久。

据史志记载，明太祖朱元璋少时为僧，云游淮河两岸，曾到光州（潢川）城东（川老寺）借宿，深夜佛灯渐暗，亲手为佛灯上油，是朱元璋受教顿悟起义并参悟治国之道之地。后来寺毁集兴，该集遂称上油岗。

四、西南地区

西南地区，中国地理分区之一，东临中南地区，北依西北地区。包括四川省、贵州省、云南省、西藏自治区、重庆直辖市五个省（自治区、直辖市）。西南地区地形结构复杂，主要以高原、山地为主，其中成渝地区是该地区人口最稠密、交通最便捷、经济最发达的区域。

（一）四川省

1. 江油市

江油市位于川西北的江油，历史悠久。追溯江油名字的来历，相传与八仙之一的吕洞宾有关。有一年，王母娘娘召开蟠桃会，宴请群仙，天上天下仙人云集，十分热闹。吕洞宾因多喝了琼浆玉液，酒醉当众调戏了牡丹仙子，被玉皇大帝贬下人间做善事赎罪。玉皇大帝要他每天卖一罐清油，不准白白送人，不准倒掉，否则绝不轻饶。吕洞宾来到凡间，便在西海边的街上卖清油。为了早点卖完，好去饭馆喝酒，别人给钱就卖。这时，有个十一二岁的小孩来买清油，小孩给了他五文钱，吕洞宾将半罐清油全部交给了小孩。

这小孩将半罐清油抱回了家。他母亲看他用五文钱买回了五十文的清油，忙叫小孩把多余的清油去退给卖油的人，并教育孩子做人要踏实，再穷也不能占别人便宜。小孩在街上东找西找，终于在酒馆里找到了喝酒的吕洞宾。吕洞宾正喝得高兴，见小孩要把清油退给他，心想天下哪有这么老实、不贪便宜的人，就仍叫小孩将油拿回家。小孩不干，便将清油罐子朝吕洞宾怀里放。两人互相推让，小孩手一滑，清油罐就摔在了地上。忽然，从破罐中滴淌的清油噼里啪啦响个不停。吕洞宾猛然想起玉皇大帝的告诫，知道自己闯了祸，拉起小孩腾云而起。小孩两母子为人厚道、心地善良，被吕洞宾无意点化成仙，吕洞宾也被玉皇大帝召回了天上。原来，这是玉皇大帝与王母娘娘打的赌。王母娘娘说天下人人都自私、贪婪，玉皇大帝不相信，设计叫吕洞宾考验，如是就将天下人全部杀光。小孩两母子因这事救了黎民百姓。清油在地上哗哗地流，如煮沸的开水，不久就淌成了一条江，人们便称为"沸江"。后来不知怎么又喊成了涪江。涪江里面流淌着一层油，人们开始叫"油江"，最后为了顺口，就改为"江油"。

当然上述是一个神话传说，据正史考：涪江源于雪宝顶，止于合川（与嘉陵江合川入重庆再汇入长江）。秦汉时期，有蜀人溯江而上穷其源头，寻至平武境内江面渐窄且水流湍急渐成山溪状，即断言"涪江由此"。遂于南坝段勒石以示"江由"。后人沿以"江油"二字设戍（东汉时谓之江油戍），再后来置县，其县署虽几经迁徙，但江油的地名一直沿用至今。

2. 油榨乡

油榨乡位于邛崃市城西25千米，是西出邛崃革命老区第一乡，邛芦路贯穿全境，是通往芦山县大川镇百部山旅游区和邛崃天台山国家级风景旅游区的主要通道。据民国《邛崃县志》载："濑河，唐时火井县旧址，曾名清和场，厌火祥也。"据乡人云，油榨沱山岩下的河水深处，有一石形如油榨，常年淹没水中，晴时清晰可见。夏天气温高时，时冒水泡，状若油花。油榨沱之名，由此而来。

（二）贵州省

贵州省，简称"黔"或"贵"，地处中国西南腹地，与重庆、四川、湖南、云南、广西接壤，是西南交通枢纽，省会贵阳。贵州省有很多带"油"字的街道，其中油榨街最有名，还有油笋街、油洞村（位于贵阳市息烽县）、油房村（贵阳市清镇县及修文县）、老油房及油炸房（贵阳市清镇县）等。

1. 油榨街

油榨街在贵阳市区南面，清初，因这里有几家油榨房而得名。又因这里是通往湘、桂的重要关口，扼城南要冲，设有重兵把守，又称油榨关。

出了贵阳南门之后，是一座被誉为贵州走出西南门户的小镇。由于其地理位置的特殊性，这里历来就是兵家必争之地。为了使城内外物资运输更为便利，官府在此修建起了驿道和关口并派兵把守。由于离城区较远，给这里驻守的官兵和过路的商贩生活带来了不便，一些有生意经的市民逐在驿道附近开起了饭馆、客栈供来往的商贩休息。随着物资来往频繁，商贩的增多，饭馆的生意也日益兴隆起来。

为了解决菜籽油供不应求的矛盾，驿道的饭馆开始在自己的院落开设起榨油坊，自榨菜油。就这样，每一家菜馆都开起了属于自家的榨油坊，有时候用不完，就对外销售。榨油一条街也逐渐形成，为了方便记忆，人们就始称这里叫作油榨街。

2. 油洞村

油洞村位于贵阳市息烽县境内，息烽县人类活动历史悠久，秦朝时属新象郡且兰县，隋时属郡县。因地处黔中要塞，历来为兵家必争，战火不断。1682年，明朝廷派兵平息战火，驻兵县境，筑坚城一座，崇祯皇帝取"平息烽火"之意，赐名"息烽"。1914年，息烽正式建县。息烽县现有人口23万，下辖4镇6乡，161个行政村，7个居民委员会。森林覆盖率达40%，境内原生天然林多，大部分地区林木丰茂，水土保持良好。由于海拔高、纬度低、温差大，气候在空间分布上具有"一山有四季、十里不同天"的立体气候特点，适宜从亚热带到暖温带的多种农林作物生长。主产水稻、玉米、大豆、油菜籽、烤烟、花生、茶叶。因榨油的盛行，其他地方的人慕名而来，很多村庄都以油命名。

（三）云南省

云南省，简称云（滇），省会昆明，位于中国西南的边陲，北回归线横贯云南省南部，属低纬度内陆地区，为长江经济带重要组成部分。东部与贵州，广西为邻，北部与四川相连，西北部紧依西藏，西部与缅甸接壤，南部和老挝、越南毗邻，云南有 25 个边境县分别与缅甸、老挝和越南交界，国境线长 4060 千米，是中国通往东南亚、南亚的窗口和门户。

1. 油房村

云南省曲靖市会泽县者海镇油房村距者海镇政府所在地 25 千米，到者海镇道路为土路，交通不方便，距会泽县 65 千米。东邻大井镇，南邻雨碌乡，西邻陆兴村，北邻马鞍村、辖下村、上村、大冲子、长梁子等 11 个村民小组。农民收入主要以种植、养殖、外出务工为主。

2. 咪油村

咪油村隶属于禄劝彝族苗族自治县，边上有茂龙村，砚瓦冲村，岔河村，花团锦簇，人杰地灵，物产丰富，天蓝水清。

3. 阿油铺村

阿油铺村隶属云南省曲靖陆良县大莫古镇，地处大莫古镇的北部，距大莫古镇政府所在地 2 千米，到大莫古镇道路为水泥路，交通方便，距县城有 18 千米。东与德格村相接，南与小莫古集镇相连，西接小百户镇打鼓村，北与新哨村毗邻。

（四）西藏自治区

西藏，简称"藏"。西藏自治区，首府拉萨市，位于中华人民共和国西南边陲，是中国五个少数民族自治区之一。

多油村坐落于西藏阿里地区，属于半农半牧区，周围满山裸露着黄土与岩石，各色野花在土坡和石缝里星星点点地绽放，细碎而生动；山下的青稞地田埂上鲜花在风中摇曳，给绿色的田野镶了一条条五彩的色带。虽说这盛夏之景可谓阿里的"小江南"，但地处高寒，早晚仍是寒气袭人。

（五）重庆市

重庆，简称渝或巴，是中华人民共和国省级行政区、直辖市。重庆地处中国内陆西南地区，东邻湖北、湖南，南靠贵州，西接四川，北连陕西。重庆市总面积 8.24 万平方千米。重庆地处长江上游地区，居四川盆地外延东部，地形由南北向长江河谷倾斜，地貌以丘陵、山地为主，其中山地占 76%，有"山城"之称；属亚热带季风性湿润气候，气候冬暖春早，夏热秋凉；属长江水系，长江横贯全境。

石油路隶属于石油路街道，紧挨虎头岩社区、民乐村、金银湾社区、煤建新村，人杰地灵，民风淳朴，历史悠久，山清水秀。

五、西北地区

中国西北地区，中国七大地理分区之一，包括陕西省、甘肃省、青海省、宁夏回族自治区、新疆维吾尔自治区 5 个省、自治区。西北地区主要城市有西安、兰州、西宁、银川、乌鲁木齐等。西北地区深居中国西北部内陆，具有面积广大、干旱缺水、荒漠广布、风沙较多、生态脆弱、人口稀少、资源丰富、开发难度较大、国际边境线漫长、利于边境贸易等特点。

西北地区分布在黄土高原—黄河中上游以西，昆仑山—阿尔金山—祁连山—秦岭以北，国境线以东，国境线—蒙古高原以南，西北地区国境线漫长，与蒙古国、俄罗斯联邦、哈萨克斯坦、吉尔吉斯斯坦、塔吉克斯坦、巴基斯坦、印度、阿富汗等国相邻。本区面积广大，约占全国面积的 30%，人口约占全国的 7.3%。西北地区是中国少数民族主要聚居地区之一，少数民族人口约占全国少数民族总人口的 1/3，主要少数民族有回族、维吾尔族、哈萨克族、藏族、蒙古族、俄罗斯族等。

陕西这个名称始于西周初年，据《国语》载，西周初年，周王朝以"陕原"（今河南陕州区境内）为界。陕原以东曰"陕东"，由周公管辖；陕原以西曰"陕西"，由召公管辖。陕西因此得名。

唐安史之乱后设陕西节度使，陕西始转化为政区名称。宋初设陕西路，为陕西得名的开始，后分设永兴军路，以军事廊延、邠宁、环庆、秦凤、熙河五路设陕西五路经略使；元至元二十三年（1286 年）正式设陕西行省，并将今陕西南部地区并入管辖；明置陕西省，后改陕西布政使司；清改陕西省，省名至今未变。

西安市临潼区油槐街道位于陕西省临潼区东北，东接渭南，距临潼城区 30 千米。人口 2.4 万人。辖 13 个行政村，91 个村民小组。新（市）油（房）公路，西韩铁路纵贯南北。

六、华北地区

华北地区指位于中国北部的区域。一般指秦岭—淮河线以北，现时在政治、经济层面上指北京市、天津市、河北省、山西省和内蒙古自治区共计 5 个省级行政单位。

（一）山西省

1. 油坊头村

油坊头村属于山西朔城区北旺庄街道下辖村，油坊头村地处朔州市区西南方向 3 千米，大运路以西，南环路与西环路相交之处。属典型的城乡接合部。

2. 油坊村

油坊村属于山西省晋城市泽州县晋庙铺镇下辖村，油坊村位于泽州南端，原太洛复线路边，距晋城市区 35 千米处。村东与石盆河接壤，村西与小口、黑石岭相接，村南与化布施相邻，村北与山尖相连。

（二）内蒙古自治区

内蒙古自治区通辽市科尔沁左翼中旗额伦索克苏木是清池街道一个自然村，叫油坊村。边上有西宋村，赵家石门村，吕家张营村，孙家庄子村，四季分明，人勤物丰，气候宜人。

——参考文献

[1] 王瑞元. 中国油脂工业发展史［M］. 北京：化学工业出版社，2005.

[2] 何东平，袁剑秋，崔瑞福. 中国制油史［M］. 北京：中国轻工业出版社，2015.

[3] 周海鸥. 食文化［M］. 北京：中国经济出版社，2011.

[4] 高成鸢. 饮食与文化［M］. 上海：复旦大学出版社，2013.

[5] 王荣泰，陈金伟. 美食百科［M］. 北京：新华出版社，2015.

[6] 吴祖芳. 美食与健康［M］. 杭州：浙江大学出版社，2014.

[7] 王兴国. 食用油与健康［M］. 北京：人民军医出版社，2011.

[8] 徐海荣. 中国饮食史卷三［M］. 北京：华夏出版社，1999.

[9] 鲁迅. 《准风月谈》鲁迅全集第五卷［M］. 北京：人民文学出版社，1981.

[10] 邱竹贤. 有色金属冶金学［M］. 北京：冶金工业出版社，2007.

[11] 杨重余. 轻金属冶金学［M］. 北京：冶金工业出版社，2007.

[12] 李长年. 油料作物（上篇）［M］. 北京：农业出版社，1960.

[13] 王仁兴. 中国古代名菜［M］. 北京：中国轻工出版社，1987.

[14] 北京化工学院化工史编写组. 化学工业发展简史［M］. 北京：科学技术文献出版社，1985.

[15] 闻人军. 《考工记导读》［M］. 成都：巴蜀书社，1988.

[16] 王毅，等. 《古代作品讲习》（第一册）［M］. 武汉：湖北人民出版社，1979.

[17] 王仁兴. 《中国饮食谈古》［M］. 北京：中国轻工出版社，1985.

[18] 潘吉星. 《天工开物校注用研究》［M］. 成都：巴蜀书社，1989.

[19] 李时珍. 本草纲目（上、下册）［M］. 刘衡如，校. 北京：人民卫生出版社，1982.

[20] 中国农学遗产研究室. 农史研究集刊（第二集）［M］. 北京：科学出版社，1962.

[21] 王祯. 王祯农书［M］. 王毓瑚，校. 北京：农业出版社，1981.

[22] 徐光启. 《农政全书校注》（全三册）［M］. 石声汉，校. 上海：上海古

籍出版社，1979.

[23] 李辉. 中国农学遗产选集［M］. 北京：农业出版社，1957.

[24] 宋应星.《天工开物》［M］. 钟广言，注释. 广州：广东人民出版社，1976.

[25] 张岱. 夜航船［M］. 刘耀林，校. 杭州：浙江古籍出版社，1987.

[26] 陶弘景. 名医别录（辑校本）［M］. 尚志钧，辑校. 北京：人民卫生出版社，1986.

[27] 缪启愉. 齐民要术导读［M］. 成都：巴蜀书社，1988.

[28] 刘仙洲. 中国机械工程发明史（第一篇）［M］. 北京：科学出版社，1962.

[29] 李树新. 人走茶不凉——柴米油盐酱醋茶文化义探微（七）［J］. 汉字与历史文化，2007（4）：65 – 69.

[30] 郑建军. 古建筑油灰浅释［J］. 古建园林技术，2016（3）：101 – 104.

[31] 唐春生. 宋代的桐油［J］. 农业考古，2013（3）：171 – 174.

[32] 王新会. 陶在我们生活中——"瓷饭碗"［J］. 陶瓷科学与艺术，2018，52（1）：4.

[33] 张家骧. 古建油漆作技术（二）［J］. 古建园林技术，1987（2）：6 – 10.

[34] 肖大威. 中国古代建筑防潮措施研究（二）［J］. 古建园林技术，1988（3）：50 – 52.

[35] 郭遇昌. 复合材料发展史话［J］. 纤维复合材料，1989（1）：55 – 57.

[36] 陈来申. 油漆为什么又叫涂料［J］. 云南化工技术，1983（1）：59.

[37] 南京博物院. 江苏六合程桥东周墓［J］. 考古，1965（3）：105 – 115.

[38] 中国科学院考古研究所.《长沙发掘报告》［M］. 北京：科学出版社，1957：66.

[39] 顾铁符. 长沙52·826号基在考古学上诸问题［J］. 文物参考资料，1954（10）：68.

[40] 李众. 中国封建社会前期钢铁冶炼技术发展的探讨［J］. 考古学报，1975（2）：1.

[41] 华觉明，等. 战国两汉铁器的金相学考查初步报告［J］. 考古学报，1960（1）：73.

[42] 中国科学院考古研究所. 辉县发掘报告［Z］. 北京：科学出版社，1956：69.

[43] 孙廷烈. 辉县出土的几件铁器底金相学考察［J］. 考古学报，1956（2）：125.

[44] 李亚欣，刘雅政，周乐育，等. 石油套管淬火冷却中三维耦合场的有限

中国油文化

元模拟［J］.材料热处理学报,2011,32(1):150-154.

［45］马驰.中国古代陶瓷文化与灯具设计的传承和发展［J］.机电产品开发与创新,2017,30(4):68-70.

［46］崔睿华,王保平.陶语诉春秋宝鸡古代陶瓷与文化生活展［J］.收藏(23):26-37.

［47］雷明豪,杨付明,胡泽华.桐油在土家医外治法中的应用［J］.中国民族民间医药,2019,28(21):54-56.

［48］张强,李文林,廖李,黄凤洪.植物油转化环境友好型润滑油的研究进展［J］.中国油脂,2008,33(9):36-39.

［49］侯增寿,李星华.国产植物油淬火冷却能力［J］.太原工学院学报,1957(1):414.

［50］方方.热干面的传说及其他［J］.武汉文史资料,2013(11):46-48.

［51］方晓阳,吴丹彤.唐代敦煌千佛洞纸制针孔漏版的制作与印刷技艺研究［J］.北京印刷学院学报,2009(6):5-9.

［52］周旭,谭静怡,广丰.古代化妆小史——浓妆淡抹总相宜［J］.中国化妆品(行业),2009(5):80-82.

［53］高富华,郑素琼.百年老油坊:浓得化不开的岁月［J］.丝绸之路,2008(6):9-13.

［54］顾启,姜光斗.勤学苦练 熟则生巧—读《卖油翁》［J］.开封师院学报(社会科学版),1979(3):91-93.

［55］韩连赟.老油坊百年沧桑 历久弥香［J］.新疆人文地理,2012(11):26-29.

［56］何坦野.“脂粉”考释［J］.语文研究,1991(2):40-41.

［57］胡道道,李玉虎,李娟,李会云,胡晓琴,马涛.古代建筑油饰彩绘传统工艺的科学化研究［J］.文博,2009(6):435-450.

［58］黄双修.失蜡法铸造技术 我国古代冶铸史上的伟大创造［J］.中国养蜂,2002,53(4):31-33.

［59］刘金龙,田国政,孙东发.“金丝油桐”与贵桐2号的过氧化氢酶同工酶谱［J］.经济林研究,2008(2):33-38.

［60］石复生.试谈卖油翁的艺术特色［J］.齐齐哈尔师院学报(哲学社会科学版),1979(2):4-5.

［61］谭静怡,广丰(摄影).化妆品的前世今生［J］.中国化妆品,2009(18):70-76.

［62］王付银.古老的中国油画传统［J］.传奇.传记文学选刊(教学研究),2013(3):5+7.

［63］杨凤霞. 武汉市黄陂盘龙城百年古榨油坊遗存［J］. 武汉学刊, 2007 (2)：39 – 40.

［64］赵星. 女为悦己者容中国古代化妆品小叙［J］. 大众考古, 2019 (4) 50 – 54.

［65］骆崇骐. 古代皮革鞋饰的起源与发展［J］. 西部皮革, 2004 (3)：51 – 53.

［66］吕海桐. 浅谈瓷碗工艺文化［J］. 大众文艺, 2015 (6)：118 – 119.

［67］李闻欣. 我国古代皮革科学技术的发展［J］. 西北轻工业学院学报, 2002, 20 (2)：92 – 95.

［68］白科. 中国古代造船业［J］. 珠江水运, 2010 (8)：38 – 39.

［69］方晓阳, 吴丹彤. 唐代敦煌千佛洞纸制针孔漏版的制作与印刷技艺研究 ［J］. 北京印刷学院学报, 2009 (06)：5 – 9.

［70］王发松, 尹智亮, 谭志伟, 等. Chemical Constituents of Laifeng "Gold – thread" Tung Oil 来凤金丝桐油的化学组成研究［J］. 湖北民族学院学报 (自科版), 2008, 26 (3)：291 – 293.

［71］刘勇. 中国油漆发展简史［J］. 涂装与电镀, 2003 (1)：12.

［72］黎明. 中国古代的粘接密封技术［J］. 粘接, 2002 (6)：57 – 57.

［73］周光龙. 中国古代漆化学探源［J］. 中国生漆, 2002 (2)：23 – 27.

［74］侯虹. 自贡古代盐井补腔工艺技术研究［J］. 盐业史研究, 2001 (4)：38 – 44.

［75］李希跃. 话说食用油票［J］. 中国油脂, 2005 (12)：272 – 273.

［76］周旭, 谭静怡. 古代化妆小史［J］. 中国化妆品 (行业), 2009 (5)：78 – 80.

［77］周绍绳. 十六、桐油小史［J］. 涂料工业, 1986 (2)：17.

［78］周绍绳. 十九、沈括《梦溪笔谈》·炭黑［J］. 涂料工业, 1986 (3)：58.

［79］周绍绳. 二十、《天工开物》与涂料［J］. 涂料工业, 1986 (5)：57.

［80］张家骧. 古建油漆作技术 (一)［J］. 古建园林技术, 1987 (1)：17 – 21.

［81］叶静渊. 我国油茶史迹初探［J］. 农业考古, 1993 (1)：157 – 160.

［82］罗攀柱, 翁明秀, 陈自力. 茶油文化与茶油消费特征的研究［J］. 湖南林业科技, 2014, 41 (1)：124 – 128.

［83］王伟. 中国传统制墨工艺研究［D］. 合肥. 中国科技大学, 2010.

［84］陈卓. 古法制墨工艺探微：关于一个传统工艺案例的研究有史记载的古法制油烟墨［D］. 北京：中国美术学院, 2015.

［85］潘毓军. 浅谈中国菜系［J］. 科技世界, 2016, 4：202.

［86］谢辉, 闻闽华. 油票、肉票、布票的故事［J］. 同舟共进, 2006 (6)：

41 – 42.

[87] 佚名. 中国古代造船业成就回顾 [J]. 珠江水运, 2017, 428 (4): 56 – 57.

[88] 郁松. 我国古代有关油漆毒害论述采撷 [J]. 职业卫生与应急救援, 1997 (3).

[89] 刘志一. 中国包装考古学文化分期问题初探 [J]. 包装世界, 1998 (5): 59.

[90] 王矜. 汉代织、绣品朱砂染色工艺初探 [J]. 传统文化与现代化, 1994 (6): 53 – 59.

[91] 任汝平. 《天工开物》点注正误一例 [J]. 江西社会科学, 1993 (7): 69.

[92] 郑佳宝, 单伟芳, 张炜, 等. 古代漆器的红外光谱 [J]. 复旦学报 (自然科学版), 1992 (3): 345 – 349.

[93] 薛晨玺. 论中国古代建筑史 [J]. 山西建筑, 2010 (36): 17 – 18.

[94] 庞贻燮. 我国古代制革与毛皮工业的初步探讨 [J]. 皮革科技动态, 1977 (4): 30 – 35.

参
考
文
献

◎